人格心理学

刘子墨 著

南方传媒
广东人民出版社
·广州·

图书在版编目（CIP）数据

人格心理学 / 刘子墨著. — 广州：广东人民出版社，2022.7

ISBN 978-7-218-15398-8

Ⅰ.①人… Ⅱ.①刘… Ⅲ.①人格心理学—通俗读物 Ⅳ.①B848-49

中国版本图书馆 CIP 数据核字（2021）第 235736 号

RENGE XINLIXUE

人格心理学

刘子墨 著

出 版 人：肖风华

责任编辑：马妮璐
责任技编：吴彦斌 周星奎
装帧设计：刘汉标

出版发行：广东人民出版社
地 址：广东省广州市越秀区大沙头四马路 10 号（邮政编码：510199）
电 话：（020）85716809（总编室）
传 真：（020）85716872
网 址：http://www.gdpph.com
印 刷：北京金特印刷有限责任公司
开 本：880mm×1230mm 1/32
印 张：9 字 数：126 千
版 次：2022 年 7 月第 1 版
印 次：2022 年 7 月第 1 次印刷
定 价：49.00 元

如发现印装质量问题，影响阅读，请与出版社（020-85716849）联系调换。
售书热线：（020）87716172

前 言

以严谨著称的心理学家亚伦·贝克教授说：“每个人都有其独特的人格侧写，这些侧写由方式特异、程度特异及情景特异的反应，以不同的概率度组合而成。”基于此，我想为大家奉上一本通俗易懂的“人格侧写”手册。

人格（personality）源于拉丁文persona，其意指面具、脸谱，也指一个人的个性、特性、气质等。侧写，是心理学中广泛使用的一个概念，本意指侧面轮廓的介绍、概述、画像。人格侧写，指的是对人格特质的概括性描述。

本书参考近几十年来心理学界逐步形成的一些概念的共识，优选组合而成，是对心理学研究成果的一个阶段性总结。

书中介绍的这些人格特质，很多人可能或多或少占一种或者两种，甚至多种。它们宛如不同造型的积木原件，以不同的排列组合，构成了不同的人格谱系。

这些人格谱系，往往从轻微的正常人群的一端横跨到出现严重的“人格障碍”的另一端。因此，就算一个人具有某些人格特质，也不能据此就说他已经出现了“人格障碍”。

弗洛伊德曾对“心理健康”下过一个极简定义——爱与工作的能力。

以这个标准来看，一个人只要心中有爱，能够做好日常的工作，那么，不管他具有哪种人格倾向，或者受困于哪种人格问题，其实都不足为惧。

事实上，有不少关于“人格障碍”的概念也只是一种过渡性的术语。《国际疾病分类》和《美国精神疾病诊断标准》中关于“人格障碍”的概念，每一版都会有较大的不同，而这正反映了心理学的严谨性。

人格的形成往往受多重因素的影响，先天遗传、后天养育、个人阅历等都会塑造一个人的人格。同样，个人的修身养性，也是人格结构成熟和完善的一个重要因素。

诚然，童年早期是人格形成的最佳时间窗口，然而，成年后人格仍会有渐进式变化。如果以十年为一个时间节点对他人进行观察，我们可以明显感受到这种变化。长期、有意识地完善自己的人格，这是基于自觉的个人修养。

西谚云："弯木生旺火。"从进化心理学的视角看，不管是哪一种人格特质，都是人类在应对挑战时所发展出的一种适应策略。吊诡之处在于，当生存环境变化时，这些适应策略往往又会表现出某种不适应性。

当然，也不排除在一定条件下，某些被视为"不适应"的人格特质能带来积极的结果。然而，过犹不及，某些极端化的人格特质，注定会在某一刻成为"障碍"。所以，一个人只有了解自己，才能通过刻意的修炼，不断完善自己的人格结构。

作为一本通俗读物，本书集百家之言，从精神分析、进化心理学等多个角度，力图言简意赅地将"人格心理学"的形成做一个系统性的总结。本书还对一些常见的心理困惑提出了一些个人建议。

这本书不仅有助于读者了解十二种人格，还有助于读者换个视角看待那些令自己困惑的人和事。同时，本书还对个人进行文艺创作、企业管理、育儿、社交活动等具有一定的启示意义。

然而，与人类丰富的内心世界相比，我们对十二种人格的理论解释总是苍白的。因此，一定要与复杂的现实情况结合起来，审慎地对待人和事，而不能仅根据一些线索就贸然地下结论、贴标签。

目　录
Contents

第1章

自恋型人格

——生命镜像与浮夸自体

一句赞美的话可以抵我十天的口粮。

——马克·吐温

我不是一个普通人，为什么他们就不明白呢？

——史蒂夫·乔布斯

自恋（narcissism）这个心理学术语源自希腊神话中顾影自怜的美少年纳喀索斯（Narcissus）。

1899年，保罗·纳克用纳喀索斯这个文学形象来解释男性性倒错现象。弗洛伊德受此启发，将其借用于精神分析。

纳喀索斯因迷恋自己的倒影投湖而死，最后化为一株水仙花。所以，一些心理学家会把病态的自恋称为水仙花症。

自恋是一种普遍存在的人格特质，绝大部分人都存在常态自恋的表现，而所谓“病态自恋”之类的术语是用于形容一种失控的自我关注。

自恋型人格者中男性多于女性，这是一种需要不断从外部“镜映”来获得认可、维持自尊的人格特征。

用一个关键字概括自恋型人格，就是“镜”。代表人物有萨尔瓦多·达利、史蒂夫·乔布斯等。

第 1 章　自恋型人格

——生命镜像与浮夸自体

回声与倒影

纳喀索斯出生后，他的父母去求神示，想知道这孩子将来的命运如何，结果神示说："不可使他认识自己。"于是，父母就一直不许纳喀索斯照镜子。

纳喀索斯长大后俊美无比，却不自知。很多少女对他一见倾心，可他却拒绝了所有少女的追求。其中，美丽的仙女厄科（Echo）因为被诅咒而失语，苦苦追求纳喀索斯，却无法得到他的爱，最终黯然销魂，肉体消亡，幻化为回声女神。

于是，被纳喀索斯拒绝的少女们一起祈祷："但愿他有朝一日爱上一个人，却永远也得不到她的爱！"命运女神听见了这个祷告，便答应了她们。

有一天，纳喀索斯无意中发现了自己在湖水中的倒影，立刻就被迷住了。然而，他却不知道那就是他本人的倒影。纳喀索斯沉迷于水中那个俊美的倒影，直到有一天不幸赴水溺亡。纳喀索斯死后变成了一株水仙花。

神话是现实的抽象。在纳喀索斯这个众所周知的神话故事中，有两处易被忽略的细节，隐喻了自恋型人格的形成。

首先，纳喀索斯的父母不让他照镜子，刻意让他忽略自身的存在。这让他无法得知自身生命的镜像，无从知晓自身的俊美与伟岸。其次，厄科的含义就是回声，但她却因为被诅咒而失语。对于这样一个无法正常回应自己的客体，即使再漂亮，纳喀索斯也提不起兴趣。

所以，当纳喀索斯看到湖水中自己倒影的一刹那，他的内心受到了强烈的冲击，那种来自外部的认可令他迷醉。

心理学家海因茨·科胡特认为，自恋型人格者之所以在成年后仍会有幼稚的自夸行为，是因为其母亲没有在恰当的时候满足他们的自爱性表现欲。

海因茨·科胡特将自恋型人格者称为“浮夸的自体”，认为他们的世界观建立在对自我夸张的想象中。

画家萨尔瓦多·达利是一名自恋型人格者。他曾经在接受采访时说：“作为一名画家，最幸运的事有两件——第一，是个西班牙人；第二，叫达利。这两件幸运的事都被我碰上了。”

达利还在其著作中写道：“每天早晨醒来，我就体验一次极度的快乐，那就是成为达利的快乐。我问自己，真奇怪，这个萨尔瓦多·达利，今天他要做什么了不起的事情呢？”

达利的家境颇丰，他的父亲是一位常年板着脸的律师。达利本来是有一个哥哥的，但是在他出生 9 个月的时候，哥哥不幸夭折，年仅 2 岁。

达利的父母为了纪念死去的大儿子，也或许是盼望着大儿子能转世重生，就给小儿子取了与大儿子同样的名字，即萨尔瓦多·达利。对父母而言，他或许就是哥哥的转世。

父母的卧室中常年摆着达利哥哥的照片。年幼的达利特别害怕看到那张照片，因为那张照片会让他联想到自己已经死了。父亲看他时，他总感觉父亲其实在寻找另一个“达利”。比普通人更敏感的达利总能看透父母的心思。

达利长大成人后，总是感叹道：“父亲对我的痛苦一无所知，只知道向他死去的儿子倾注无尽的爱，一次又一次揭开我的伤疤。”

达利直到 8 岁还在尿床，母亲对他十分宠爱，无论他怎么调皮捣蛋，母亲从不会训斥他。但达利的母亲有时也活在死去的大儿子的阴影中。

母亲总是说："死去的萨尔瓦多·达利是个天才。"母亲还常常带达利去墓地看刻着"萨尔瓦多·达利"名字的墓碑。

那个死去的"萨尔瓦多·达利"像一个幽灵一样时刻在威胁着达利的地位。这段特殊的童年经历，很可能是造成达利自恋型人格的主要原因——他需要从外界的鼓励中获得自身存在的价值。

达利自我分析道："我的奇谈怪行，都与我出身的悲剧密不可分。我想向自己证明，我不是死去的哥哥，活着的那个人是我。"

海因茨·科胡特认为，父母的"镜像功能"是自恋需求得以满足、自恋进程得以发展的必要的先决条件，从而才能构建稳定的自体。自恋型人格的形成源于早年生活镜像的短缺。如果父母未能在子女的婴幼儿阶段唤醒其对自身的肯定，便会促使子女极度渴求从外界客体获得肯定与赞扬。

从原始自恋到成熟自恋

人类，是地球上最高级的生命形态。在这个星球上，成为人的成本与代价也是最高的。在所有动物中，人类的“幼崽”是最脆弱、无助的。低等动物，比如小马驹，一落地就能跑。但人类的“幼崽”就是这么“娇贵”，在离开母亲的子宫后，还要经过很长的时间才能学会爬行，又过一段时间才能独立行走。

所以，人类的“幼崽”对父母的依赖时间最长。即使离开母体 3 年，幼儿的大脑仍在高速发育中。从大脑的发育程度来看，瑞士动物学家波特曼提出的“人类都是早产儿”的观点是非常贴切的。人类之所以要“早产”，是因为无法等到大脑发育完善再分娩，因为太大的脑袋必将导致母亲难产。所以，在幼儿 3 岁之前，养育者所营造的环境，相当于幼儿的“第二个子宫”。

1. 原始自恋

“原始自恋”这个概念是弗洛伊德提出的，是指假设婴儿对自我的关注（情感的投注）优先于对他人的关注。

弗洛伊德认为，由于婴儿尚不能将母亲和自己区分开，他也不可能将母亲体验为一个“客体”。每个人都会有一个以自我为中心的原始自恋阶段，那就是幼儿时期。

这种原始自恋是生命最初阶段的特点。幼儿时期，我们稍微感到冷，衣服就来了；稍微感到饿，乳汁就来了。如果这些“满足”来得不及时，我们只要啼哭就会得到。

父母无微不至地照顾着我们，我们想拥有的东西，父母也尽量满足我们，整个世界仿佛围绕着我们在转，这是人类成长的一个不可逾越的阶段。

自恋是一种防御机制，与自我保护有关。自恋型人格形成的原因，很可能与一个人在幼年时期遭遇的自恋创伤有关。一个曾遭遇自恋创伤的人会夸大自体，追求“我是完美的”这一目标。

人类这种生命形态，就是这么“娇贵”。可以说，“自恋”这件事是不立不破的，过早地规训小孩，无异于揠苗助长。简而言之，3 岁之前的阶段，是幼儿需要被无条件满足的原始自恋阶段。

在这个阶段，幼儿的需求得不到满足，他们就会用余生去“争取”。即便成年了，他们的行为也带有孩子气，宛如一个“老小孩”。可以说，幼年时原始自恋未能得到满足，那种“若有所失”的情绪，要用一生来补偿。

父母在孩子 3 岁之前尽量满足他们的需求，成本其实也是最低的，因为他们所需要的都是一些最基本的物质和爱抚。

3～6 岁的孩子渴望得到父母的关注与赞美，被父母忽视时会捣蛋、耍赖。每当这个时候，父母就会帮助孩子逐步理解现实，并帮助他们建立一些最基本的行为规则认识。

自恋型人格者的一个重要行为特征是以自我为中心，其实就是其行为退行至原始自恋阶段。自恋型人格者的一些幼稚行为，不过是婴幼儿时期未完成的原始自恋的延续。

幼儿对自我的关注（情感的投注）优先于对他人的关注，自恋型人格者的行为也是如此，因此常常让人觉得他们不懂人际互惠，总是要求别人给予他们特殊待遇，却很少考虑给予别人对等的回报。

2. 成熟自恋

自恋型人格者的行为是幼稚、浮夸的。心理学家朱迪斯·维尔斯特说:“一个迷恋于摇篮的人不愿丧失童年,也就不能适应成人的世界。”心理学家艾瑞克·弗洛姆认为,不成熟的爱是因为我需要你,所以我爱你。成熟的爱是因为我爱你,所以我需要你。

在自恋型人格者的心中,世界就应该围着他们转。随着个人的成长,自恋型人格者必须做人格结构成熟度的调整,如此才能更好地适应社会。

除了“若有所失”,自恋型人格者还觉得自己很“特别”。就像苹果公司创始人史蒂夫·乔布斯,他的养子身份令他一生都在追问自己是从哪里来的,为什么会被亲生父母遗弃。他一直希望证明自己是完美的,进而追求一种特殊的待遇。

史蒂夫·乔布斯以其“天才 + 白痴”的反差形象为世人所知,其天才之处在于商业成就,其白痴之处则大多反映在他的自恋行为上。

1976 年,21 岁的乔布斯与 26 岁的沃兹尼亚克以及韦恩在硅谷共同创立了苹果公司,制造出了他们的第一台个人电脑 Apple Ⅰ。当斯科特出任苹果公司的 CEO 后，他把“1 号”员工编号给了沃兹尼亚克，“2 号”给了乔布斯。但乔布斯不同意，他要求当“1 号”员工。斯科特拒绝了他，乔布斯为此大发脾气。最终，乔布斯提出了一个解决方案，他要当“0 号”员工。

从这个故事中，我们可以看出自恋型人格者的特权意识是非常强的。自恋型人格者相信自己是特别的，认为自己值得或应该被特殊对待。如果他们得不到自己期待的特殊待遇，就会感到受了侮辱，进而做出激烈的反应。

乔布斯可能对他的车牌编号不满意吧，他的汽车从来不上牌照。因为新车都有半年免上牌照的宽限期，于是他每半年就重新买一辆汽车。他还经常把车停在残疾人专用车位上，有时还霸占两个车位。

自恋型人格者都觉得自己是独特的，他们认为自己与众不同，期望得到相应的尊敬和赞赏。他们认为“我是特殊的，所以别人夸奖我、让着我，给我特殊的待遇都是理所应当的”。这一点在乔布斯的身上表现得尤为明显。

海因茨·科胡特认为，自恋是一种重要的个体资源，有待滋养以确保它走向成熟。成熟自恋包含创造、幽默、接受有限性、智慧等特质。成熟自恋，是一种健康的自恋。

从全能自恋到有限自恋

在1岁之前，孩子是没有生活能力的，如果没有外界的照顾，其无助感与高位截瘫的病人的无助感近似。然而，奇怪的是，婴儿却感觉自己是“全能”的。可以说，这是生命的一种自我保护机制，可以防御性地支撑这个弱小的生命活下去。

按照心理学家海因茨·科胡特的理论来看，每个人在婴儿时期的自恋都是全能自恋。所谓全能自恋，就是婴儿觉得自己无所不能，无论自己有什么需求，全世界都会按照他的意志来满足自己。

海因茨·科胡特假设，自恋的经验正是来自婴儿时期的极乐状态。在婴儿的眼中，自身和世界是一体的。

其实，婴儿意识里的全世界，不过是爸爸妈妈。而父母要给予婴儿足够多的照顾，才能帮助其获取这种全能感。

心理学家皮特·冯纳吉的研究表明，婴儿出生后的前 18 个月，其心理体验处于一种“心理等同”的模式中，也就是将内心世界和外部现实简单地对等起来，认为信念和现实之间没有区别。

等稍微懂事后，幼儿的大脑中仍会残存“我是这个世界的中心”的念头。只是“世界是一部电影，我就是主角”这种观念会随着幼儿的成长越来越淡化。随着幼儿的一步步成长，其潜意识中这种原始的夸大念头或行为会逐渐被驯服，最终被整合入成熟的心智模式中。

在适宜的条件下，全能自恋会发展为合乎社会规则的有限自恋。所以，即便到了成年阶段，我们对自己的评价，仍然会高于实际情况。

曾有人做过一项研究，让被试者去照镜子并且给自己的容貌打分，然后每个被试者再给其他人打分。评分结果出来后，很多被试者给自己的容貌的评分平均比别人给自己的评分要高出 30%。

这是普遍存在的健康的自恋。适度的自恋，可以说是一种自我悦纳、健康的表现。但自恋型人格者会将自恋极端化、常态化。

沃尔特·艾萨克森在《史蒂夫·乔布斯传》一书中介绍，乔布斯出生后被亲生父母抛弃，领养他的夫妇在这件事上很坦诚，从来没隐瞒过他。

大约6岁的时候，乔布斯坐在自家屋前的草地上，和一个邻居小女孩讲述了自己被领养的事。小女孩问了他一个问题："这是不是说你的亲生父母不要你了？"

这真是一语惊醒梦中人，乔布斯恍然大悟，自己其实是个被遗弃的小孩！乔布斯哭喊着跑回家。然而，他的养父母很认真地告诉他："我们是专门挑的你。"

乔布斯养父母的这个回答，让他觉得自己很特别。因此，他的内心得以平静。

养父母对乔布斯非常好，但这并不能抹掉乔布斯内心被亲生父母遗弃的失落感。

对自恋型人格者而言，"我很特别"的信念是神圣不容侵犯的。只有相信自己是特别的，带有特殊使命的，乔布斯才能感到安慰。这种信念在乔布斯去印度进行朝圣之旅时得以强化，或者被他过度解读。

一次，乔布斯参加一个印度教领袖举办的信徒聚会，宗教领袖从人群中选中了他，并为他剃度。这件事后来被他反复提及。乔布斯相信自己是“被选中的人”，他坚信自己肩负着改变世界的使命。他说：“我一直都觉得自己很特别。”

甚至在患病时，乔布斯仍延续了自己要求“被特殊对待”的风格。他从 60 多名护士中挑选了 3 名值得自己信赖的，以陪伴自己走到生命的尽头。

有一次，乔布斯的病情加重，需要进重症监护病房治疗，医生规定乔布斯不得使用冰块。乔布斯希望得到“更多一些特殊”。乔布斯的妹妹莫娜 · 辛普森对他说：“这本来就是特别治疗啊。”乔布斯说：“我就是希望更为特殊一点。”

在进行插管法治疗期间，乔布斯不能开口说话，于是，他就在记录本上画了一个草图，希望给他在病床上配置一个可摆放平板电脑的装置。他设计了新型流动监测仪和 X 光设备，又将原本并不十分特殊的病房重新设计了一遍。

自恋型人格一般会随着人的阅历的丰富而淡化。乔布斯青年时期在工作、爱情、婚姻中的挫败，让他逐渐意识到自身的缺陷，于是通过禅宗等方法进行自我修炼。

可以说，乔布斯把“保持饥饿，保持愚蠢”作为自己的人生信条并不是一种偶然，而是对自恋的一种超越。随着知识和个人阅历的增长，乔布斯逐渐成为一名成熟的自恋型人格者，一位幽默、充满创造力的领导者。

当自恋成为一种阻力

自恋型人格者的最主要特征是以自我为中心，这也容易被人理解为自私。一些极端的自恋型人格者善于人际的盘剥与操纵。显然，这样的人很难平等地对待他人，对自我过度的关注，使得他们无法顾及他人的感受，也无法和他人建立良好、稳定的关系。

1. 会让自己树敌太多

就像顾影自怜的纳喀索斯一样，自恋型人格者只能从外界的评价中看到自己，沉迷于自己的影子中。纳喀索斯因自恋遭到了诅咒；乔布斯也因忽略他人的感受而付出了沉痛的代价。

乔布斯的挚友兼同事麦克·默里如此形容他："史蒂夫所做的市场调查就是每天早上看一看镜子里的自己。"

乔布斯对自己的判断自信到了极点。乔布斯曾乐观估计，麦金托什电脑将会在 1984 年卖出 50 万台，所以向公司要了大量资源投到这个项目上。

但事实是，麦金托什电脑每个月的销量只有 2 万台。这次决策的失误，让苹果公司内部产生了重大的危机，人事也发生了剧烈的动荡。这也成为乔布斯被苹果公司罢黜的导火索。

乔布斯被逐出苹果公司之前，其实已经先采取了行动。他和公司高管们事先打了招呼，希望用高管"逼宫"的方式迫使董事会屈服，从而赶走 CEO 斯卡利。

公司高管们表面上答应了乔布斯，但他们内心更拥护性格远比乔布斯敦厚的斯卡利。于是，在最后摊牌的时刻，高管们都选择站在斯卡利这边。面对众叛亲离的场面，乔布斯流着泪拂袖而去。

人终究是一种社会动物，是要与他人建立联系的。很多时候自恋是一把双刃剑，一方面会使人极度渴望荣誉，充分施展个人能力去追求；另一方面会让人迷失自我，为了成功不顾他人，导致树敌过多。

自恋型人格者通常都富有才华，所以渴望获得与才华相称的成功。然而，这种搞特殊的行事风格往往会阻碍他们获得成功，甚至在关键时刻成为绊脚石。

2. 难以维持亲密关系

乔布斯有一位无法得到的爱人，名叫蒂娜·莱德斯。

沃尔特·艾萨克森所著的《史蒂夫·乔布斯传》，是乔布斯本人正式授权的传记。在这本传记中，这位名叫蒂娜的女子虽然很爱乔布斯，却还是选择了和他分手。蒂娜认为，乔布斯就是自恋型人格者。

1989年，当乔布斯向蒂娜求婚时，她拒绝了。蒂娜后来解释说："在我们单独相处时，我受不了他的刻薄。我不想伤害他，但我也不想站在一边看着他伤害别人，那很痛苦，很累。"

两人分手后，蒂娜碰巧读到了一本关于"自恋型人格障碍”的精神病学手册，她发现乔布斯身上的一些特质与书中描述的自恋型人格很像。这也充分解释了他们相处中面临的难题——很可能乔布斯是过于自恋。

蒂娜所说的那本手册，很可能指的是美国精神医学学会颁布的《精神障碍诊断与统计手册》。这本书这样定义自恋型人格：一种需要他人赞扬且缺乏共情的自大（幻想或行为）的普遍心理行为模式，起自成年早期，存在于各种背景下。

即使蒂娜已经结婚并育有两个孩子，乔布斯仍公开表达对她的思念，并认为蒂娜是他遇到的“最纯洁的人”，他和蒂娜是心灵相通的。

自恋型人格者往往非常有吸引力和说服力，也很善于社交。普通人不仅会吸引对方，还会被对方吸引。但对自恋型人格者来说，你只能被我吸引，我不可能被你吸引。

一个女性自恋型人格者有的是巧妙地吸引男性的手段，而一个男性自恋型人格者也有数不清的风流韵事。他们的恋爱动机并不仅仅是为了爱，更有要证明自身魅力的成分。

两个实力相当的自恋型人格者相恋，很可能无法及时给予对方所渴望的肯定，于是就会爆发冲突。有时候，他们只能给自己找一个“好人就嫁了吧”或者“老实人做伴侣”。因为他们想从平凡的人那里获得迁就和崇拜。

自恋型人格者给人的第一印象往往极富魅力。然而，在与他们打交道的过程中，人们会逐渐发现他们常常自说自话。他们看似优雅，其实内心深处对他人是冷漠的。

自恋型人格者往往难以维持长久的亲密关系，比如恋爱关系、婚姻关系、亲子关系等。尽管自恋型人格者心里装不下别人，但实际他们在情感上又特别依赖他人。有自恋倾向的人若能找到一位喜欢照顾人的“监护人式”伴侣，那么双方就能形成一种理想的亲密关系。

乔布斯的妻子劳伦娜·鲍威尔一度低调到没有人注意到她的存在。直到乔布斯去世后，她以乔布斯的“未亡人”身份继承了巨额遗产时，才被大家注意。

乔布斯曾说劳伦娜是他的“灵魂伴侣”，在他人生低谷时一直陪在他身边，支持他回到苹果公司，可谓历经磨难。

劳伦娜本人也很有才华，她出身名校，自幼成绩优异。在斯坦福大学时，她遇到了当时已是创业偶像的乔布斯。彼时的乔布斯作为演讲嘉宾参加了一次讲座，在上台演讲之前恰好坐在劳伦娜的旁边，两个人就这样被彼此吸引了。

劳伦娜一开始就明白，和乔布斯这种性格的人做伴侣，注定很累，甚至要牺牲很多。事实确实如此。生活中，乔布斯非常脆弱，情绪也不稳定，容易受伤，依赖性很强。而有劳伦娜这位“监护人式”的伴侣在身边，有助于他拥有一个比较稳定的心态。

乔布斯找到劳伦娜这样一位伴侣，没有了后顾之忧，如此一来，就能尽情发挥自己的才华了。

3. 对现实的回避与扭曲

许多自恋型人格者会编出传奇故事，而自己往往就是这个传奇故事的主角。他们讲的故事扣人心弦，令人信服。这其实是自恋型人格者的一个行为特点——把梦想当作现实。

与乔布斯共事过的人都说，乔布斯自带一种“现实扭曲力场”。他曾定下一些貌似不可能实现的目标，到最后却都意外地实现了。

自恋型人格者树立的不切实际的目标可能使他们获得较高的成就，也可能使他们面临着严重的社交问题。

自恋型人格者善于文过饰非。被称为“黑客之神”的约翰·卡马克是乔布斯的崇拜者，但他也指出，乔布斯总是充满自信地说着明显是错误的说法。

1982 年，27 岁的乔布斯接受了作家迈克尔·莫里茨的采访之后，一直坚信自己将成为《时代》杂志的“年度人物”。最终，《时代》杂志将“计算机”这种没有生命的物品选为“年度人物”。乔布斯得知这一结果后失声痛哭。

他拒绝接受这一现实，捏造了另一个“现实”——他告诉自己的御用传记作者艾萨克森，《时代》杂志已经决定让他成为“年度人物”。但《时代》杂志派来的记者迈克尔与自己同龄，迈克尔嫉妒他的成功，写了一篇拙劣的八卦文章对他“恶毒诽谤”，于是《时代》杂志的编辑们才最终没有让他成为“年度人物”。

事实上，艾萨克森了解事情的真相，因为他当时也是《时代》杂志编辑中的一员。真相是，《时代》杂志从来没考虑过乔布斯，而且早就决定将计算机选为“年度人物”而不是某个人。

2011 年，乔布斯被确诊患上胰腺癌，他拒绝面对这个现实。乔布斯试图用纯素食、偏方，甚至灵媒来改变这一现实。这一次，乔布斯的“现实扭曲力场”失灵了，他拖延了 9 个月才去接受正式的手术治疗，这时癌细胞已经扩散，他已病入膏肓。

美国房地产商人特朗普也有这种扭曲现实的倾向。即便在媒体准确地计算出他的财产只有 40 多亿美元的时候，他依然坚持说自己的资产有 100 亿美元。

当特朗普当选美国总统后，他坚信有 100万～150 万人参加了自己的就职典礼，坚信自己拥有最高的智商，是美国历史上最伟大的总统。很多心理学家认为，这种把理想自我当作现实自我的自恋，已经融入特朗普的精神世界中。

隐匿的自恋

谁是自恋型人格者，有时我们一眼就能看出来。比如，自恋的教授可能会留灰色的长头发，自恋的导演可能会留一把大胡子。

然而，还有一些自恋型人格者属于隐匿型。有一种自恋型人格者善于将自身的自恋嫁接到某个特定的人身上，这个人很可能和自己有着某种关系，比如自己的老师、朋友、恋人、门生、员工等。

有一位经济学家非常推崇一位已经作古的美国经济学家，只因为这位美国经济学家获得过诺贝尔经济学奖，且和自己曾经是同事。某位画家极力推崇某位不知名作家，并通过把这位作家捧红来实现自己的隐匿型自恋。

自恋型人格者通过鼓吹某个人或强调自己和某个人的关系，来体验自我的满足感。这种对他人的吹捧，最终还是会变成对他们自己的吹捧。

晚清名士王闿运属于才大志高的人，他的奇言怪行使得他成为典型的自恋型人格者，比如，他抬举老妈子，且附带笑骂官绅，贬损官场。

王闿运选择“捧”的人都与众不同，既不是文化圈的人，也不是演艺圈的人，而是当时不被人重视的“匠人”。由他捧红的人有铜匠曾昭吉、木匠齐白石、铁匠张正旸。

但从他的日记里可以看出，他骨子里并不是很看得起这些人。

王尔德的小说《道林·格雷的画像》也体现了一种隐匿的自恋。故事发生在 19 世纪的英国伦敦，道林·格雷是一位性格纯良的贵族少年，相貌极其俊美，一位名叫霍尔沃德的画家，以他为模特画了一张画像。

在画家的画室内，格雷遇到了能说会道的亨利勋爵，两个人成了朋友。亨利作为诱导者和教唆者，凭借自己洗脑式的价值观输出，有效地说服了格雷不要克制自己，不要为道德观念所束缚，要放纵自己，追求感官享受。

被蛊惑的格雷开始疯狂地迷恋自己英俊的外表，甚至嫉妒画像上美貌的“自己”。为了留住青春与美貌，格雷许下了一个心愿：让画像代替自己老去。恐怖的是，这个愿望居然成真了。

在亨利的引导和鼓动下，格雷继续放纵自己的欲望。格雷变得狂妄又冷漠，抛弃了深爱自己的女友，造成了她的轻生。

此时，格雷发现画像中的自己的容貌发生了变化，而现实中的自己依然俊美如初。内心惊恐的格雷没有克制自己，反而更加放纵。现实中的格雷俊美依旧，画像却变得越来越丑陋不堪。

18 年后，女友的弟弟前来寻仇，却被格雷巧言欺骗，最终死于非命。正是女友弟弟的死亡唤醒了格雷的良知。

出于对画像（也就是丑陋的灵魂）的厌恶，格雷临时起意杀死了画家霍尔沃德。接着，他举刀向丑陋的画像刺去，结果自己却暴毙了。他死后的面容变得丑陋苍老，仆人几乎认不出是他。而画像里的格雷，却变回了最初英俊的样子。

格雷是一名自恋型人格者，而故事中的亨利勋爵则是一名资深的隐匿的自恋型人格者。自恋型人格者往往都相当有魅力，会让别人深受蛊惑和吸引，至少在刚认识的时候是这样。

亨利通过蛊惑、操纵格雷，以此将自己的自恋“嫁接”到格雷身上。

大多数研究者都认为，小说中的亨利勋爵就是王尔德自身的投射。王尔德本人就是一名自恋型人格者，他说的关于自恋的名言有很多，例如，“除了天才之外，无可申报”“爱自己是终生浪漫的开始”。

对自恋型人格者的研究始于20世纪初的精神分析学界，到20世纪90年代，研究者又将自恋型人格者分为外向型（自大暴露狂）和内向型（脆弱敏感）两种。前者会明显地表现出浮夸、自大、居高临下和对他人的剥削态度；后者则表现出害羞、回避、低自尊、过分担忧等。

王尔德身上兼有自恋型人格和表演型人格。同时，他还是一名同性恋者，为此曾一度入狱。根据精神分析学派的说法，某些同性恋者的性倒错行为，其实就是一种自恋的表现。他们把同性的恋爱对象当成自己的影子来爱，如同纳喀索斯爱着自己的倒影一样。

自恋型人格的形成，不只受家庭环境的影响，在一定程度上还会受到遗传因素的影响，此外，也会受到社会、文化等因素的影响。城市化进程的加快、移动互联网的普及，也强化了人们的自恋意识。

如今这个时代，自恋型人格者有增无减。为什么会出现这种现象呢？原因是多方面的。比如，“人人有奖杯式”的教育培养模式，使得赞赏成为自我价值的必要象征。

再如，社交媒体强化了个人的形象包装，满足了个人的虚荣心，也使得人们更加重视短时的印象。因为持久的品质只在小范围、相对稳定的人群里才会受到褒奖。

传统社会中，持久的品质只会在小范围、相对稳定的人群中才会受到褒奖。人口的流动、社交媒体的普及，使得短时的印象比持久的品质更能获取人们的注意力，这让自恋、浮夸在某种程度上成为一种竞争策略。

那些在各个领域获得成功的自恋型人格者，往往获得了更多的关注，因此更可能成为被模仿的对象。然而，模仿者有可能会错误地将自恋行为理解为成功的原因，而忽视了成功的自恋型人格者为追求成功所付出的劳动。

总统也自恋?

美国心理学界普遍认为，特朗普人格的核心特质是自恋。哈佛大学心理学教授霍华德·加德纳认为，特朗普的最大特质就是“惊人的自恋”。

临床心理学家西蒙说：“特朗普作为自恋型人格者来说太过经典，已经成为一部‘行走的教科书’。”西蒙还表示，他搜集、整理了不少关于特朗普的视频，准备作为课程和讨论的素材使用，而不必再专门找演员拍摄。

美国西北大学心理学教授丹·麦克亚当斯，通过对特朗普成长轨迹的系统性考察，认为特朗普的自恋型人格源于其幼年时的孤独，以及精英式教育所引起的情感单一和缺失。

特朗普于 1946 年出生于纽约，他的父亲是当时著名的房地产商人。特朗普生性好动，13 岁时被父亲送进一所军校读中学。特朗普想走父亲的商业之路，高中毕业后便进入沃顿商学院就读。在沃顿商学院，特朗普认为最有价值的学问乃是市场营销。从沃顿商学院毕业后，特朗普便进入父亲创建的房地产公司任职。

特朗普在高级社交圈结识了不少有钱有势的人，这对他日后发展房地产事业有很大的帮助。特朗普自认比父亲更加志存高远，他选择将纽约作为自己开发房地产的一个重要阵地。

特朗普喜欢把自己的名字加在他能影响的范围内的几乎所有的事物上，从赌场、牛排到大学。全美国散布着很多以他的名字命名的高楼大厦、游艇。

1974 年，纽约市曼哈顿区的宾夕法尼亚铁路公司宣告破产，特朗普立刻买下这块地产，并向市政府要求用“特朗普”命名此建筑，但被市政府拒绝。

20 世纪 90 年代初期，特朗普欲用 15 亿美元打造一个“地产王国”，却遭遇挫折。他赔掉了将近 10 亿美元。

直到 1997 年，他才东山再起，携自传《特朗普：回归的艺术》重新回到舆论中心。

记者曾问特朗普："为什么会把四家企业弄破产？"他的回答是："这是因为我非常聪明……总是能够从失败走向成功。"

1999 年夏天，特朗普在父亲的葬礼上致辞："这是父亲一生中最为艰辛的一天……"这是很合乎常情的演说。然而不久，他就将话题转向了自己，说父亲最了不起的成就是"养育了一个颇有名望的亿万富翁儿子"。

特朗普喜欢用夸张的词汇来形容自己，诸如"天才的""一流的""我真是太聪明了"，等等。这些都是自恋型人格者最喜欢的字眼。

反击对手时，特朗普还会说："看不惯我的家伙们，抱歉，我的智商要高出你们一档。"特朗普甚至会用特别难听的词汇羞辱对手。

特朗普在推特上总是主动对自己的成绩大加肯定和炫耀。当然，他更需要外界的肯定，他说"自己需要全世界的关注和拥抱，这是生命的不竭动力"。

丹·麦克亚当斯教授依据大五人格结构模型，认为特朗普在责任性、外倾性、宜人性、情绪稳定性和开放性这五个方面的指标都处于极端位置，比如，外倾性已经爆表，而宜人性却低到不能再低。

当然，也有不同的声音。

判断一个人是不是自恋型人格者，《精神障碍诊断与统计手册（第五版）》的标准堪称权威。这本书的作者之一艾伦·弗朗斯认为，大多数的心理学家都错把特朗普诊断为“自恋型人格障碍者”。

也许他的确极端自恋，但是这并不意味着他患有心理疾病。因为他并没有遭受到这种疾病带来的痛苦和损伤，所以不能被诊断为精神紊乱。

也就是说，特朗普确实有自恋型人格的特质，但还没有达到自恋型人格障碍的程度。有自恋倾向的人，不一定就具有自恋型人格障碍。

也许，特朗普的自恋行为有刻意为之的成分。特朗普曾说，最有价值的商科知识是“市场营销”。其实，在商业社会，自恋型人格和表演型人格都可归为一种，即“营销型人格”。

美国心理学家德鲁加研究发现，美国历史上最自恋的总统并不是特朗普，而是第21任总统切斯特·艾伦·阿瑟。据说，该总统的衣柜里有80条裤子，他习惯每天换3套衣服。很多拥有很高权力的自恋型人格者的最大问题是，同理心的缺失。

自恋型人格的升华

精神分析学家海因茨·科胡特是第一位为“自恋”正名的心理学权威人士。他不认为自恋是一种幼稚的行为，反而认为自恋是活力、意义和创造力的源泉。

日本艺术家草间弥生说：“艺术家不会崇拜别人，自己的作品才是最棒的，不自恋就无法创作。如果不决心做出最棒的作品，根本无法自称艺术家。”

著名画家陈丹青也说过大意如此的话：与纳喀索斯的顾影自怜一样，艺术就是人的倒影。小猫、小狗可以不照镜子，人却需要照镜子。了解自己，是文艺创作的动力，在这个过程中我们可以体验一种自得其乐的“臭美”。甚至可以说，艺术就是“臭美”。

具有自恋型人格特质的人，总是渴望获得别人的赞赏。因为，赞赏才是他们的精神食粮，才是他们的活力源泉。正如马克·吐温所说："一句赞美的话可以抵我十天的口粮。"

明代有位名叫蔡羽的文人，自称易洞先生。蔡羽买了一面大铜镜放在书房里，每当他写文章写到得意之处时，就整理好衣装，向镜子里的自己鞠躬说："易洞先生，尔言何妙！吾今拜先生矣。"

李敖也不止一次有过类似的表达。有人曾问李敖最钦佩的文人是谁，他回答："问我最钦佩什么人，我肯定照镜子。"其实，很多艺术家、作者、创业者都多多少少有点自恋。

自恋型人格者靠别人的赞赏而活着。他们全部的追求就是获得别人的敬仰、崇拜。他们幻想获得成就、崇拜、魅力和权力，借以振奋自己的精神。

美国社会心理学家克里斯托弗·拉什指出：对于自恋型人格者来说，世界就是一面镜子。

当自恋升华为一种创造的驱动力时，自恋就是健康的，就算是略显浮夸的自恋，通常也是无害的——这更像是我们对"镜子"的依赖。

自恋型人格特点

∢ 要求别人关注其成就、财产及社会影响力。

∢ 觉得自己是特殊的，理应得到特殊的优待或他人的顺从。

∢ 操纵、剥削他人，为达到自己的目的而利用他人。

∢ 行为举止得当，一旦被批评，就会从魅力模式切换到霸凌模式。

∢ 夸大自我的成就和才能，在没有成就时，仍期望自己是优胜者。

∢ 幻想拥有成功、权利、才华、美丽或理想爱情等。

∢ 只愿意与其他特殊或地位高的人交往。

∢ 缺乏同理心，不愿识别或认同他人的感受和需求。

∢ 常常忌妒他人，或认为他人忌妒自己，不会欣赏他人。

∢ 习惯对他人评头论足，措辞尖刻，喜欢哗众取宠。

第2章

表演型人格

——寻求注意与入戏太深

给我一双高跟鞋，我能征服全世界。

——麦当娜·西科尼

一个功能良好的心理结构，最重要的来源是父母的人格，特别是他们以没有敌意的坚决和不含诱惑的深情去回应孩子驱力需求的能力。

——海因茨·科胡特

癔症（歇斯底里）的英文是 hysteria，源自希腊语 hystero，意思是子宫。

自古希腊医生希波克拉底时期，医生们就发现，诸如分离性遗忘、突发暴躁、假性痴呆、痉挛抽搐、沉溺幻想等现象大多发生在女性身上。那时的医生认为，这些行为特征和“子宫的游离”有关。

19 世纪 80 年代，医生们认为女性的癔症“纯属装病”，甚至会将她们逐出诊室。尽管弗洛伊德对女性心理和创伤尚不甚了解，但他对她们以诚相待，并尝试理解她们的痛苦。弗洛伊德开始对癔症进行研究，由此开创了“精神分析”这个心理学派。

可以说，精神分析学派最初就是为了解释“歇斯底里”而开设的。弗洛伊德推翻了希波克拉底时期说的癔症属于妇科病的论断，甚至直言不讳地称自己也曾受癔症困扰。

进入 20 世纪，“歇斯底里”这个概念被女权主义者所抵制。到了 1980 年，hysteria 最终被希腊语 histrio 取代，其含义是“演戏”，最终以“表演型人格”代替了“癔症”。

所以，表演型人格又称癔症型人格、寻求注意型人格、歇斯底里型人格。具有这种人格特质的人中，女性多于男性。他们将世界视为一个剧场，沉迷于自己的“剧本”中。

表演型人格轻重程度存在巨大差异，可见于正常人群。从正常的“矫情”“作”，到严重的缺少关注就“歇斯底里”，都属于表演型人格的谱系。

用一个关键字概括表演型人格，就是“戏”。代表人物有马龙·白兰度、加布里埃·香奈儿等。

“男性优越”的错觉

弗洛伊德认为，表演型人格的根源往往与性别认同有关。

女性表演型人格者的背后，通常都有一个自恋的父亲和一个不称职的母亲。

尤其是在“严父弱母、男尊女卑”家庭模式下长大的女孩，会产生“男性优越”的错觉，渴望得到男性的认可，本能地通过各种“表演”来迎合男性。这种源自童年早期的幻想，理应得到重新审视并予以抛弃。

A 女士是一位表演型人格者，她向咨询师吐露了自己童年的经历。

童年时，A 女士的母亲冷淡疏离，郁郁寡欢。她的父亲整日忙于工作。每当幼小的她坐在父亲的腿上，父亲用温暖的双手抚摸她的脸颊的时候，她才能感受到父亲深深的爱。于是，童年时期的 A 女士习得了一个观念，“坐在父亲的腿上”是获得关爱的快捷方式。

A 女士的母亲软弱、顺从，父亲经常骂母亲。母亲挨骂后往往伤心欲绝，但父亲接下来会因内疚而对母亲呵护有加。父母的这种相处模式，更加强化了童年时期 A 女士的“男尊女卑”的观念。

而且，A 女士的母亲经常病恹恹的，这让她从未在母亲身上看到作为母亲角色的良性示范。在 A 女士 11 岁时，她不小心窥见了父母的房事。这时，她又意识到，“性感迷人”是获得亲密关系的快捷方式。

因为某些原因，父亲和母亲在孩子心目中成了“男人”和“女人”的符号。既威严又宠溺的父亲，变成让女孩想逃避又想靠近的客体。于是，家庭就成了培养孩子表演型人格的“培养皿”。

在一个重男轻女的家庭中，女孩也容易发展出表演型人格。她们总能痛苦地意识到，家里的男孩的地位比女孩更加优越，或是发现在她出生之前，父母其实计划要个男孩。

当女孩偶然获得关注与赞赏时，她可能会将自己获得的关注与赞赏归因为自己的可爱、天真、温顺、乖巧、漂亮等。同时，在成长过程中，女孩也会注意到父亲似乎因为她的性别而渐渐疏远她。因此，这种不恰当的养育环境容易催化出表演型人格。

草间弥生是一位颇具争议的前卫艺术家，曾经有批评者认为她具有表演型人格特质。草间弥生的母亲具有表演型人格障碍，也就是当时所谓的“歇斯底里症”。

草间弥生在文章中写到，五六岁的时候，她的父亲在外面有了情人，母亲屡次派她去盯梢父亲与情人的幽会，并且多次看到了不该看的场景。可以说，草间弥生承受了她这个年龄所不该承受的一切。

形成表演型人格的另外一个因素，就是父（母）的婚外恋或异性问题。比如，母亲会拼命施展女性的魅力试图挽回将要离家的父亲。

这种家庭环境下长大的女孩子，会产生一种“男性优越”的错觉，潜意识中将讨好男性视为一种生存技能。当她们在以“萌”取胜的少女时代结束后，她们开始“转型”，以其他方式迎合男性。

表演与防御机制

男孩子发展成为表演型人格者的概率要小很多，但也不罕见。事实上，弗洛伊德本人也曾遇到过心理上的困扰，他认为自己也存在“癔症型人格”。

马龙·白兰度本是好莱坞著名的话剧演员。1947年，23岁的白兰度以其“感受派”的演技出演《欲望号街车》，出色地演绎了恶汉斯坦利的形象，并获得了巨大的成功。

白兰度一夜成名，却因此患上了抑郁症，并陷入一种持续的自我否定的情绪之中。白兰度向精神分析学派的医生寻求帮助，治疗多年以后，他却说这些治疗毫无用处。

最后，白兰度自己找出了患抑郁症的根源。那时他已经过了不惑之年。白兰度认为自己患上抑郁症的根源在于他和母亲的关系。

白兰度的父亲是一名销售员，常年在外奔波。父亲冷漠、虚伪，又特别自恋。白兰度的样貌很像父亲，但他从父亲那里得到的只有否定、鄙视、打击。

白兰度的母亲婚前是一名艺人，婚后成了一名家庭主妇。母亲有严重的酒瘾，经常喝得烂醉如泥。父亲一旦知道母亲喝酒，就会对母亲施暴。

嗜酒的母亲对年幼的白兰度非常冷淡，为了唤起母亲的注意，白兰度总是会竭尽全力装扮成各种小动物，并做出各种搞怪动作。也就是在这个时候，母亲才偶尔会把目光转向他，给他一个淡淡的微笑。

每当父亲外出，母亲就会出去喝酒。白兰度 8 岁时，他经常去小酒馆里寻找母亲，并负责把狼狈不堪的母亲接回家。

与父母的关系存在问题，是很多表演型人格者的共同点。白兰度长大后，对贪杯的母亲产生了极度的厌恶，而母亲也烦透了他。

白兰度在《母亲教我的歌》一书中回忆，他的模仿能力、他的演技，都是为取悦母亲而练就的。而取悦母亲正是他投身演艺圈的原始动力。然而，他的第一次抑郁症就出现在母亲离开纽约之后。

美国电影学院将表演分为“白兰度之前”和“白兰度之后”。以一个人作为一种职业时代的划分，这种荣誉可谓空前绝后。那么，白兰度天才的演技到底是从哪里来的呢？

白兰度这样解释：“如果一个人童年时得不到旁人的关爱与认可，他就会去模仿他人。孩子会以旁人的脸庞为模板，他们会掌握观察的本领，揣摩旁人的语气与思维方式，为了保护自己，模仿旁人的表情与动作。因为人总会在他人的行为中寻找自己的影子。久而久之，我便掌握了触动人心的演技。”

精神分析心理学认为，3～6 岁期间，孩子会进入性心理发展的第三阶段的性器期，也是著名的俄狄浦斯期。简单来说，这个时期的男孩会出现恋母情结，并且对父亲产生嫉妒心理；女孩则会产生恋父倾向，并且对母亲产生嫉妒心理。

顺利度过俄狄浦斯期的孩子，能够摆脱对父母的依赖，和其他异性建立亲密关系。如果这个时期孩子对父母的依赖之情最终没有得到升华，那么也会催化出孩子的表演型人格。

“妖女的诡计”

性冷淡或过分的诱惑与挑逗行为，是表演型人格者有可能存在的特质之一。

金庸写的是新派武侠小说，受到了精神分析心理学的影响。金庸的小说《天龙八部》的书名出自《佛经》，象征着大千世界的芸芸众生。小说刻画了大约 8 种奇特人格，可以说是一部小说版的“众生皆苦，有情皆孽”的心理侧写集。

故事中康敏的人物形象，非常鲜活，而她也是典型的表演型人格者。据康敏自己说，她之所以恨乔峰，只因那年在洛阳百花会上，乔峰未曾正眼看她。

那天，康敏站在黄芍药旁边，可谓占尽风流。那么多英雄好汉，都从头至脚将她细细打量。唯独乔峰不吃她这一套，目光在她身上一扫而过，并没有赞赏她的美丽。

小说中，康敏怨恨道：“倘若你当真没见到我，那也罢了，我也不怪你。你明明见到我的，可就是视而不见，眼光在我脸上扫过，居然没停留片刻，就当我跟庸脂俗粉没丝毫分别。伪君子，不要脸的无耻之徒！”

乔峰作为天下第一好汉，操心江湖大事，无暇关注风花雪月，却因此差点儿栽到康敏的手里。乔峰道：“你是我嫂子，我没瞧见你，又有什么大不了的失礼？你何必记这么大的恨？”

但在康敏眼里，乔峰就是眼高于顶，他无视自己的这种行为就是对自己极大的冒犯。

当康敏得知乔峰要杀她，她最关心的仍然是别人有没有关注她。她对乔峰说："当年我恼你正眼也不瞧我一眼，才叫马大元来揭你的疮疤。马大元说什么也不肯，我才叫白世镜杀了马大元。你……你今日对我，仍是丝毫也不动心！"

乔峰简直无法相信，说："你谋杀亲夫，就只为了我不曾瞧你一眼。哼，撒这等弥天大谎，有谁能信？"

对于一个演员来说，被观众无视是最大的失败与耻辱！对于表演型人格者而言，世界就是一个巨型的剧场，他必须是主角。

康敏为什么会痛恨乔峰？很多人解读为因爱生恨。其实，像康敏这样的人，她爱的永远只有自己。

弗洛伊德认为，在"男性优越"这种认知谬误的基础上，有些人还会产生"阴茎嫉妒"。那些默认"男性优越"的女性在早年就习得：自己和母亲缺乏支配力是由于没有阴茎。弗洛伊德提出的这个观点，在当时可谓冒天下之大不韪。但他却勇敢地指出了当时的父权制对妇女造成的影响。

从精神分析学派的观点来看，康敏的行为可以解释为一种混杂了“男性优越”和“阴茎嫉妒”的矛盾心理。一方面，她不由自主地对男性力量产生仰慕、向往，但又潜意识地嫉妒、憎恨男性；另一方面，她会通过吸引男人来提升自己的自尊和自信，同时竭力打压男性的优越感。

她卖弄风情，行使女性的特权，故作柔弱，用“妖女的诡计”与男性比肩抗衡。这与其说是一种爱，不如说是一种攻击。所以，康敏这个人物形象，还带有一定的反社会型人格特质。

自然流露的表演特质

一些表演型人格者会努力表现自己，让自己充满魅力，深层次的原因就是为了吸引别人的注意，获得他人的认同。

《天龙八部》中康敏这个人很“作”，却只是为了获得外界认可，以维系自己的安全感与自尊。

在嫁给丐帮副帮主马大元的时候，康敏给人的感觉是冷若冰霜，这倒未必是她刻意伪装。因为表演型人格者的性心理发育不成熟，所以会有性冷淡或对性过分敏感的表现。

有时候，女性表演型人格者会天真地展示性感，用过分娇羞的模样勾引他人而不自知。

康敏是马大元的遗孀，和许多男人有过暧昧，唯独乔峰是高度自律、拒绝诱惑的真英雄。在小说《天龙八部》中，金庸如此描绘康敏——

那妇人身穿缟素衣裳，脸上薄施脂粉，眉梢眼角，皆是春意，一双水汪汪的眼睛便如要滴出水来，似笑非笑、似嗔非嗔地斜睨着段正淳，正是马大元的遗孀马夫人。

马夫人道："谁稀罕你来向我献殷勤了？我只是记挂你，身子安好么？心上快活么？大事小事都顺遂么？只要你好，我就开心了，做人也有了滋味。你远在大理，我要打听你的讯息，不知可有多难。我身在信阳，这一颗心，又有那一时、那一刻不在你的身边？"

她越说越低，乔峰只觉她说的话腻中带涩，软洋洋地，说不尽的缠绵宛转，听在耳中当真是荡气回肠，令人神为之夺，魂为之消。然而她的说话又似纯系出于自然，并非有意地狐媚。

康敏这“纯系出于自然，并非有意地狐媚”，看得好汉乔峰都耳热心跳，也算是一种“天赋”了。金庸对康敏的这些描述，可能是根据某些女性表演型人格者的侧写改编而来。

确实，某些表演型人格者会非常自然地做出充满诱惑的行为，而自己却浑然不觉。

女性表演型人格者常以逼真的演技令人倾倒，但是，如果男性直接问她：“这是在勾引我吗？”她会感到很吃惊，因为那只是她下意识的行为。

男性表演型人格者的诱惑行为与女性不同，他们会表现得非常自信，甚至可以说“浑身是戏”。他们会发表热情洋溢的告白，宛如影视剧中的男主角一样。

表演失败后的歇斯底里

如果说自恋型人格者把世界当作一面巨型的镜子，表演型人格者则把世界当作一个巨型的剧场。两种人格的某些特征有交叉重叠的部分——渴望获得别人的关注、赞赏、肯定和支持。表演型人格与自恋型人格出现在同一个人身上的情况也很普遍。

但是，不同之处在于，自恋型人格者寻求的是优越感，表演型人格者追求的是关注度。如果一个人的表演型人格不能升华，为了获得关注，他甚至不惜扮演任何角色。

就像王尔德通过亨利勋爵之口所言：世上比被人议论更糟糕的只有一件事，那就是没人议论。所以我们可以说，“寻求注意型人格”是表演型人格的最准确代称。

在旁人看来，表演型人格者往往撒谎成瘾。他们说谎时连草稿都不打，再假的事都能说得跟真的一样。很多时候，表演型人格者并不是为了利益而撒谎，只是想让旁人关注自己罢了。有时为了吸引他人的注意力，他们还会扮演别的角色，甚至做出损人不利己的事。这样的行为动机，只不过是为了获得他人的关注。

曾有一位刚结婚不久的少妇，声称自己被一个陌生男子猥亵了。这件事还闹到了法庭上，因为丑闻缠身，该男子的生意几乎被拖垮了，半辈子的积蓄付诸东流，身败名裂。

其实，该男子并没有猥亵少妇，这一切不过是少妇为了吸引新婚丈夫的注意，下意识地撒的一个谎。她的动机不过是想让新婚丈夫知道，她在别的男人眼里很有魅力，想让丈夫多呵护她罢了。

正所谓，日久见人心。多年后，事情尘埃落定，而这个少妇也已经 40 多岁了，有很多人领教了她撒谎的本领。当她的谎言被揭穿时，她却云淡风轻地说："我挽回了老公的心，老公对我体贴入微，对于现在的生活，我已经很满足了。"

只是为了寻求丈夫的关注，少妇就把无辜的第三者卷入虚构的事情中，并且毫无愧疚感。这是极端的表演型人格者腹黑的一面。过往的经历让他们认为，获得关注最直接、最有效的方法，就是诱惑、勾引异性。

当他们施展魅惑的手段失效时，"歇斯底里"的大戏才真正上演。他们哭闹、撒泼，甚至自残，直到收获了别人的呵护和关爱，才能平静下来。无理取闹后的“胜利”，又会进一步强化他们的这种行为模式。

康敏对乔峰非理性的仇视与报复，可以说是一种不可理喻的“歇斯底里”。她虽然是小说中虚构的人物，但已经把极端的表演型人格者的负面特质表现得淋漓尽致。而现实中也真有这样的人。

入戏太深，假戏真做

1883 年，加布里埃 · 香奈儿出生在法国索米尔地区。她的父亲是一名风流多金的马商，母亲在她 6 岁那年因肺痨病逝。中年丧妻不但没有使父亲悲痛，反而让他更加肆无忌惮地流连于情妇的怀抱中。

母亲过世没几周，父亲就将香奈儿送到了姑妈家，从此再没有出现过。香奈儿曾向别人描述自己在姑妈家受到的虐待，讲述恶毒的姑妈如何揪她的耳朵羞辱她。

然而，上述说法来自香奈儿的自述，它与“正史”

之间存在着巨大的差距。《香奈儿：举世无双的传奇女性》一书的作者阿克塞尔·马德森，通过详尽、细致的调查研究发现，其实，香奈儿的父亲只是一个卑微的货郎，香奈儿原名叫嘉柏丽尔。她的父母没有举行婚礼就有了两个女儿，香奈儿是第二个女儿。母亲在修道院里生下了香奈儿后，父亲从此不知所踪。

父亲长久缺席，母亲艰难地独自抚养两个孩子。在香奈儿 12 岁时，母亲离开了人世。然而，母亲去世后，香奈儿并没有被送去姑妈家，而是去了修道院。

修道院开设了缝纫课程，香奈儿在缝纫方面特别有天赋，在这里，她学会了裁制衣服。在修道院里，香奈儿的缝纫才能获得了很多人的赏识，于是她获得了离开修道院去外面工作的机会。

这段少女时期的经历，成为香奈儿一生设计的起点。18 岁后，香奈儿发誓要依靠自己的意志和外界的力量改变自己的命运。

成功后的香奈儿喜欢虚构身世，只为回避她那不够高贵的出身。“入戏太深”的香奈儿坚信自己的父亲是一位优雅的马商，并把自己想象成没有兄弟姐妹的小公主。

这种行为其实也是表演型人格者的一个特质——入戏太深，以致假戏真做。

成年后，香奈儿会定期销毁自己的信件、资料，还会把照片中自己身旁的人剪掉，销毁一切和自己私人生活有关的东西。无论是对朋友还是对采访她的记者，抑或对请来帮她写回忆录的作家，她都会将自己的经历歪曲、夸大后再讲给他们听。

终其一生，香奈儿都在用“浓艳的色彩”描绘自己的生活。她自述的传奇经历极为生动有趣，却难以自圆其说。她成功以后，甚至用钱买通自己身边的人，让他们装作从未存在过。

当现实与“剧本”不符时，她会将那一部分现实屏蔽掉。香奈儿终生都不与自己的那些“发小”交往。她假装不记得他们，甚至将那些在早年时帮她取得事业上的成功的赞助人和客户视同陌路人。

历来对于香奈儿的身世都是众说纷纭。有人说：“写香奈儿的传记非常具有挑战性，因为香奈儿为了搅混自己的过去，建造了一座巨大的秘密和谎言的迷宫。加之香奈儿本人对自己的出身刻意地避讳和隐瞒，更使得她的背景像披上了一层暧昧的迷雾。”

表演型人格者在潜意识中有一种执念——如果我不能引人注目，就没有存在的价值了。这种执念会驱使他们做出各种引人注目的行为，某些人甚至会谎称自己是贵族的后代。

然而，外人眼里的谎言，却是表演型人格者内心的信仰，是他们自尊的基础。心理学家认为，表演型人格者都是在真实地“表演”自己。

香奈儿的一生有着很多罗曼史。

25 岁时，香奈儿在第二任情人亚瑟·卡保——一位马球运动员兼年轻实业家的帮助下，在巴黎坎朋街 21 号开了一家女帽店。几十年后，这条街因她而声名大噪。

香奈儿情人众多，却终生未婚。晚年，她不止一次说过对此非常后悔。她还对最崇拜她的侄女说：“过简单的生活，有丈夫和孩子——和你爱的人在一起，这才是真正的生活。”

香奈儿亲自设计了自己的墓碑，还特别嘱咐要准备凳子让来探望她的人可以坐下多聊聊。

1971 年 1 月 10 日凌晨，香奈儿在巴黎的丽思卡尔顿酒店去世。当日她穿着自己喜欢的套装，戴着珍珠项链，孤独地离去，享年 88 岁。当年她刚来巴黎时，也是被一位有钱的公子哥包养在这家酒店。

表演型人格者相对于正常人有着强烈的自我幻想，往往会沉浸在自己的“剧本”中无法自拔，且对虚构的事情坚信不疑。他们常常会自我暗示，也容易被他人所暗示。受暗示性心理是人在漫长的进化过程中形成的一种无意识的自我保护能力和学习能力。

香奈儿是一个高功能表演型人格者，她擅于营造自己的辉煌，回避过去的不幸。她从童年就开始为自己打造一个主角光环，编织一个个“神话”，然后靠着对“神话”的信仰活了下来，而这些“神话”最终也成为她自我实现的预言。

表演型人格的升华

“表演”是一种虚构的艺术。表演，就是让人们真真切切地感受到原本不存在于现实生活中的东西。

有一位商业领袖，出身曲艺世家，对表演有着深刻的理解。他曾解释说，在企业管理中，愿景、使命、价值观之类看似虚无缥缈的东西，其实是一个“借假修真”的过程。这其实是将“表演”的特质升华了。

香奈儿的营销术又何尝不是一种“借假修真”呢。品牌故事、品牌内涵，这些本来无所谓有、无所谓无的东西，又将如何呈现给消费者呢？要引领潮流，“表演”的才华必不可缺。

香奈儿刻意经营自己的“人设”：一个深陷童年阴影、一生孤独又独立自主的女性形象，并且赋予这种形象以历史地位——挣脱了男性束缚的新女性。香奈儿品牌最成功的代言人非香奈儿女士本人莫属，因为她把自己塑造成一个独立自主的新女性和女权主义的代表。

香奈儿喜欢在各种时尚派对里佩戴乒乓球一样大的假的珍珠项链和鹅卵石一样大的假的绿宝石胸针。她还把廉价针织布制作成高级时装，用昂贵的精美刺绣的丝绸做衬里，卖出高价。

香奈儿率先将人工珠宝卖得比天然珠宝还要贵，后来的奢侈品制造商深受启发。有人曾说，LV 的手提包并不是真皮做的。

这种特立独行的“赝品美学”，或许与香奈儿本人的人格特质有着某种内在的联系。成名后的香奈儿曾说：“要是戴的全是真的珠宝，那就‘不够香奈儿’了。”

杰出的演员、编剧、广告人，往往都有高超的“表演”能力，否则他们就无法呈现出原本不存在或看不到的事物。一个人如果能将表演型人格特质升华，就能收到意想不到的效果。

表演是一门博大精深的艺术，所以京剧业内有一句行话叫“不疯魔不成活”。

就算不是职业演员，很多时候也需要有“表演”的技能。

乔治·巴顿之所以能够成为第二次世界大战期间的美国名将，与他的“表演”能力密不可分。

巴顿喜欢营造略显浮夸的形象，比如，腰里别着象牙手柄的左轮手枪，头上戴着锃亮的头盔，脚穿骑兵高筒靴，身上不是华丽的礼服就是马裤。

巴顿喜欢让自己成为醒目的“符号”，他会坐在顶部漆成红、白、蓝颜色的坦克上监督士兵训练和演习。巴顿的越野车前后都会有超大的职级标牌，还配有喇叭用于宣布自己的到来。

巴顿的言辞也有戏剧化的成分，他喜欢把自己描述为“战神转世”。他曾言之凿凿地宣称，自己的前世，以及前世的前世都是军官。

美国作家鲍亦尔说，巴顿以其“特技表演”创造了个人的领导风格。巴顿的“表演”固然有让人感觉做作的成分，但确实成了巴顿的一种独特的领导风格。在第二次世界大战中，巴顿就是那个年代典型的“少爷兵式”的英雄，美国大兵需要这样的人带动士气。

吸引他人注意力的能力，其实也可以升华为一种了不起的才华。

表演型人格特点

- 与他人交往时，过分利用外表和行为来吸引他人注意。
- 人际关系肤浅，表面聪明、乖巧、富有魅力，实际上完全不顾他人利益。

≺ 以多种手段使他人就范，如任性、强求、欺骗、谄媚、自杀威胁等。

≺ 情感体验比较肤浅。轻微刺激，即有激动反应。热情有余，稳定不足。

≺ 具有表演才华，演技逼真。

≺ 言语风格，或激情洋溢，或随性潇洒，但缺乏具体细节，难以核实。

≺ 过分追逐新潮流、新概念、新权威，立场、态度、观点经常变化。

≺ 喜欢以自我为中心，将自我戏剧化为诸如“受害者”“公主”之类的角色。

≺ 为获得注意，不惜哗众取宠、危言耸听、夸大其词，甚至掺杂幻想情节。

≺ 喜欢舞台化、情绪化、夸张化的表达。

≺ 如果不能成为众人关注的焦点，就会感觉不舒服。

≺ 喜欢频繁地参加受他人赞赏、可以成为焦点的活动。

≺ 容易受暗示，喜欢把幻想当成现实。

第3章

强迫型人格

——完美、秩序与控制

形象意味着一切。

——安德烈·阿加西

优秀的木匠不会用劣质木板去做柜子的背板，即使没人会看到，你自己知道它就在那儿。如果你想晚上睡得安稳的话，就要保证外观和质量都足够好。

——史蒂夫·乔布斯

强迫是指一种沉迷于完美、秩序、计划、清单、细节和清洁，甚至不惜牺牲灵活性、开放性和效率的思维和行为模式。

一方面，“强迫”成就了成绩突出的律师、工程师、编辑、会计师、公司高管等职场精英；另一方面，过度依赖理性和实际性，也会使一些人形成强迫型人格。强迫型人格者常见于讲究细节的职业中。

弗洛伊德认为，强迫型人格者具有条理分明、固执己见和躬行节俭的特征。然而，强迫型人格者过于追求完美、精确，拘泥于形式、章程及次序，难以做出决策，喜爱拖延，这就干扰了工作的完成与目标的实现，进而产生焦虑感。古老的东方哲学并不推崇这种执着于形式、理性的行为，所以有“君子不器”的说法。

用一个关键字概括强迫型人格，就是“器”。代表人物有史蒂夫·乔布斯、卡伦·卡朋特等。

我不能行走，我努力奔跑

从绩效的角度看，管理和控制是一种“必要之恶”，因此强迫似乎必不可少。然而，这是一种高度理性的“奔跑模式”，当一个人无法自由切换到自然的“行走模式”时，强迫就会变成一种障碍。

强迫性行为可能有害，也可能有益。如果一个人喜欢这种状态，且能游刃有余地切换，那就不是“障碍”。判断是否属于“障碍”，关键不在于行为结果的好坏，而在于行为的内在驱动力。

G 先生刚刚 30 岁就拿下注册会计师证书，成为一名注册会计师，但他一度深受焦虑的困扰而寻求心理咨询。

G 先生从小就被父亲视为家庭的希望，于是他对自我的期许很高，不停地鞭策自己全力以赴，无论是读书还是工作。

G 先生工作很努力，但也不愿意错过与刚出生不久的孩子在一起的美好时光。但若陪孩子，他就要暂停工作。因此，他希望咨询师能帮他“取得工作与生活的平衡”。

G 先生希望咨询师能帮助他制订一个计划，这个计划既可以帮助他完成工作，又可以让他有足够的时间陪伴孩子、享受生活，如做公益、看电视、学习烹饪等。

当 G 先生再次去见咨询师时，他带来了一个清单，上面详细地罗列了所有他想要完成的事情。G 先生觉得，如果咨询师能给他一个外部推力，帮助他完成计划，那么他的焦虑便可迎刃而解。

但咨询师直截了当地回复：“这张清单恰恰是你的问题所在。”

驱使 G 先生前来做咨询的压力，也正是他所抱怨的压力 —— 自己必须竭尽全力维持内心的平衡。

咨询师告诉 G 先生，他的生活看起来非常不错，但他很难享受这种不错的感觉。G 先生很认真地思考着咨询师说的话。

咨询师以旁观者的角度向他建议：“你需要对一些指导人生的基本信条做出调整，这样才能走出困扰。”

西方文明把人的理性和能动性（can-do）奉为圭臬，这与东方崇尚自然的哲学形成鲜明对比。随着西风东渐，基于目标管理的“自动自发”成为普遍的工作哲学，这也是工业社会的管理目标。

正所谓“善于滑翔的鸟才能飞得远”。人并不能总是绷着，为了我们自身的健康，我们还需要张弛有度的切换。

史蒂夫·乔布斯的身上，兼具自恋型人格和强迫型人格。

乔布斯出生于 1955 年，生母把他送给旧金山一户信奉基督教的家庭后，就再也没有出现过。乔布斯对自己的养子身份十分在意，曾偷偷打听亲生父母的下落，出名后还与亲妹妹取得了联系。然而，“被遗弃”仍是他一生的心理阴影。

强迫型人格者心底总会有一种声音：不完美，就丢脸！不努力，就完蛋！大学时代，乔布斯反复听的歌是约翰·列侬的那首《妈妈》——

妈妈，你拥有我，但我却从不曾拥有你

我想要你，你却不要我

所以，我只能告诉你

再见，再见

爸爸，你离开了我，但我却从不曾离开你

我需要你，你却不需要我

所以，我只能告诉你

再见，再见

孩子们，不要做我所做的一切

我不能行走，我努力奔跑

所以，我只能告诉你

再见，再见

作家迈克尔·莫里茨被称为“苹果史学家”，他曾在1982年采访过乔布斯，并因为发表了暴露乔布斯私人生活的文章导致两人绝交。莫里茨后来成了一名成功的投资家，掌管着著名的红杉资本。

莫里茨曾评价乔布斯："乔布斯是一个被领养的孩子，所以他对自己要求非常高，他时时刻刻都要求自己达到更高的水平，他总是会问自己：'为什么我会被抛弃？'乔布斯从青少年时期就知道，就算是在家庭里，他也会把自己当作局外人。乔布斯孤僻，不信任自己。对于乔布斯来说，世界上没有一样产品是完美的。"

影片《乔布斯》的编剧约书亚·肯德尔称，乔布斯很可能具有强迫型人格。苹果公司首席设计官乔纳森·艾维说，乔布斯的身上有某种力量驱使他去把事情做到完美。

1984 年，乔布斯在美国加利福尼亚州的弗里蒙特建造第一座工厂时，常常趴在地上，看地板和设备上有没有脏东西。对当时正在推出麦金托什计算机的乔布斯来说，这种极端的检查是必需的。

"假如我们没有让地板干干净净的纪律，"乔布斯说，"我们就不会有让所有机器保持运转的纪律。"乔布斯也无法容忍拼写错误，会无数次仔仔细细地阅读每份文件，然后找出错误的标点符号。

然而，乔布斯的这种完美主义不过是一种"微观管理式"的完美，往往会错失对全局和整体的把握。所以，在和微软的竞争中，苹果一败涂地。

乔布斯的性格是出了名的霸道，如果某件事没有按照他说的方式去做，他可能就会大发雷霆。这种冷酷无情的管理方式令他声名狼藉。正是这种很难与人交流的个性，导致他在20世纪80年代被苹果公司扫地出门。

一方面，乔布斯具有强迫型人格的特质；另一方面，他非常敏锐地将目光投向了东方哲学。比如，乔布斯所宣扬的“stay hungry stay foolish”（为避免与本意背道而驰，本书还是直译为“保持饥饿，保持愚蠢”），就是典型的东方哲学。

当遇到此类问题时，我们首先要学会理解自己，与自己的想法对话。我们首先是一个“自然”的人，不是机器人或超人，奔跑、行走、休息、厌倦、发呆、睡眠等都是“自然”的一部分。忙里应偷闲，缓中须带急。当我们感到自己没有时间休息的时候，可能恰恰是需要休息的时候。

当我们产生失衡、焦虑或抑郁时，不要为此感到紧张，让它自然消失就是了。你要相信，小的失衡、崩溃、绝望等可以防止系统性的失衡、崩溃、绝望。不要为这些问题所浪费的时间感到内疚，熬过去，你的时间价值将会翻倍。

父母的肯定无可替代

有些人强迫型人格的形成与父母的养育方式有关。人们常说，幸福的人用童年治愈一生，不幸的人用一生治愈童年。有些强迫型人格者，在幼儿时期就被父母用很高的行为准则进行约束。

父母赏罚分明，对孩子好的行为大加赞赏，差的行为严加指责。这种管教模式，容易培养出强迫型人格者。

卡伦·卡朋特的《昨日重现》这首歌穿越时空，成为永恒的经典。卡伦也是一位强迫型人格者。1950 年，卡伦出生在美国康涅狄格州，自小和大她 4 岁、令她崇拜的哥哥理查德一同唱歌。兄妹二人组建了一支乐队。

这对兄妹录制唱片的方式很有意思，理查德把基本的旋律理出来，然后卡伦开始唱。理查德在录音室里是个“暴君”，卡伦需要花很多时间在她的唱歌上，对自我的要求相当严格。

因为唱歌，理查德和卡伦兄妹两个人收获了很多的鲜花和掌声。卡伦的母亲从不掩饰对理查德的偏爱，却吝于对卡伦的赞美，而且她还总是说理查德做得更好。

孩提时，卡伦因为肥胖而受到嘲笑。17 岁时，被哥哥称为“胖家伙”的她一度重 145 磅。卡伦的母亲则称她不可能摆脱肥胖的问题。

其实，无论是歌声还是人品，卡伦都是无可挑剔的。但是在她母亲那里，她从未得到认可。这很可能是造成卡伦成为强迫型人格者的原因之一。

卡伦从未放纵自己的行为，她滴酒不沾，更不碰毒品。她的纯洁在当时的娱乐圈极其少见。她的这些表现也很符合强迫型人格的特质——具有很高的道德标准。

这在某种程度上也可以视为她遵从社会规则并渴望外界认同的表现，这些社会规则自然也包括以瘦为美的主流审美观点。

1970 年，卡伦 20 岁，一曲 *Close To You* 使他们的乐队一炮走红，而她依然不满意自己的舞台表现。25 岁时，卡伦充满控制欲的父母反对她独居，这在美国是极为少见的。

29 岁时，卡伦第一次脱离了乐队，她开始独立工作。在音乐的道路上，卡伦曾经一度是哥哥理查德的追随者。

很长一段时间，卡伦个人的想法，甚至想要有些想法的想法都淹没在哥哥理查德的个人意见和整个乐队的成功里。

然而，当她从架子鼓后面走出来时，面对的却是外界对她外形的批评。在读到对自己的体重近乎苛刻的评价的文章后，卡伦非常伤心。她开始节食，体重不断下降。

30 岁时，卡伦匆匆嫁给一个只认识了数月的离异房地产商人，奢侈的婚礼折射出卡伦希望有个幸福家庭的梦想。可惜她不能处理好与丈夫之间的关系，导致婚姻无法维持。

随着事业的不断攀升，她的强迫行为变得更加严重，过度追求完美，体重持续下降。

在这个世界上，卡伦最珍视的两样东西是嗓音和母亲的肯定。然而，这两样东西都是哥哥理查德的“专利”。她唯一能做好的就是控制自己的体重。

1983年2月，卡伦终因心脏衰竭而离开人世。

传记作家乔舒亚·肯德尔认为，乔布斯虽然从未被确诊患有强迫型人格障碍，但他不规律的饮食习惯表明他已经有了厌食的征兆。厌食也是一种常见的强迫性行为，这其实是一场争夺“控制权”的战争。

虽然乔布斯非常幸运地遇到了性情慈爱的养父母，但被领养的经历还是给他的心灵造成了一定的创伤。

与厌食行为类似的，还有强迫性的整容行为。迈克尔·杰克逊出生于1958年，他的父母生了9个孩子，他排行第七。父亲乔·杰克逊是个起重机手和乐队吉他手，他严格管教自己的子女。乔·杰克逊受教育程度不高，管教孩子的方式简单粗暴。

迈克尔8岁成名，10岁出唱片，12岁成为美国历史上最年轻的冠军歌曲歌手。1970年，他的热门歌曲*ABC*登上了冠军宝座。

迈克尔唱的歌受到了人们的喜欢，他跳舞的风格更是被人们喜欢。他独创的“月球漫步”更是受到人们的欢迎。即使这样，他仍得不到父亲的赞许，仍时常遭到父亲的打骂。

迈克尔的排演都是在父亲的监督下完成的，稍有差错，父亲就会发脾气。父亲经常用皮带或衣架打他，或用点燃的火柴去烫他的脚尖。

据说迈克尔的父亲在教他跳踢踏舞时，曾逼他在一块炽热的炉板上跳。在一次电视采访中迈克尔这样说他父亲："有一段时间，只要他向我走来，我就感到难受，简直就要呕吐。"

迈克尔经常抱怨他的童年没有快乐。他在接受采访时说，当其他孩子尽情玩耍时，他不得不和他的兄弟们一场接一场地演出。

没有演出时，他们还要在练功厅里进行"魔鬼式"的训练。年幼时的迈克尔经常会透过工作室的玻璃窗，看着外面愉快玩耍的小伙伴们，羡慕不已。

父亲经常嘲笑迈克尔长得丑、鼻子大。父亲说："真不知道你的大鼻子是从哪儿来的。"迈克尔说："想把自己藏起来，恨不得死掉算了。可我还得继续上台，接受别人的打量。"

有一段时间，人们看到迈克尔戴着手套和口罩出现在公众场合，这是因为他害怕被人传染。因为强迫型人格者常有一种恐惧，害怕在接近其他人时受到病菌的传染。

26岁时，迈克尔第一次做了鼻子手术，之后又进行了多次整容。他本是个肤色黝黑、健康的帅小伙，整容后肤色变得苍白。

可以说，迈克尔长大后的强迫性的整容行为与其父亲的管教方式有关。父母的话对孩子的影响力，犹如传说中的“咒语”，世人再多的肯定，都不如父母在孩子童年时给予他的肯定。

某位以浪费胶片而“闻名”的导演，也是一位强迫型人格者。他曾拍过多部叫好又叫座的电影，却称生活中的自己其实很不自信。这源于他和母亲的关系。

从小他的母亲就不会表扬他，因为怕他骄傲。当他考上一所著名的戏剧学院时，他兴冲冲地告诉母亲，母亲却把通知书往旁边一扔，说：“你看你衣服还没洗呢。”

这位导演功成名就后，给母亲买了房，母亲也不愿意去住。不论他怎么讨好母亲，母亲都不认可他，不会为他开心。在他看来，“跟母亲的关系”是他人生中最失败的一件事。

这一点很像乔布斯。乔布斯说过，他一生所做的努力，不过是为了向生母证明——你抛弃我是个错误。

乔布斯曾经把生母乔安娜请到家里，甚至还特意以客人身份到生父约翰·钱德里的餐馆吃过几次饭，却拒绝与生父相认。后来，乔布斯的生母患上了痴呆症，他便出钱让母亲享受最好的医疗照护。

需要指出的是，父母教养过严或过于放任，都可能使孩子发展出强迫型人格。

过于放任，是一种完全“放养”的家教模式。比如，家庭破败不堪，父母对孩子采取不管不问的态度。这个时候，孩子可能会为父母的无能而感到羞愧，内心会为自己创造出理想的父母意象供自己仿效，进而形成一种强迫性动力。

“龟毛”与内在冲突

强迫型人格者往往会受到某种驱使，比如完美或控制权，进而重复一些明知不必甚至有害无益的行为。

某韩国明星夫妇闹离婚，女方公布了与丈夫制订的生活清单，男方需要注意的事项包括：

· 在外面喝酒只能喝到晚上 11 点

· 脱下来的衣服要放回原处

· 需要洗的衣服放到洗衣室

· 吃剩的东西自己收拾

· 一周清理一次猫厕所

· 整理鞋子

……

诸如此类的细节问题罗列了一整页。这种强迫性行为根本不利于良好人际关系的形成。

强迫型人格者不能容忍别人和自己违反规定。他们很难静下心来享受生活。他们一般不喝酒，因为害怕一杯烈酒下肚，自己会变得异常亢奋。他们崇尚健康的生活方式，即使高龄，也还要强迫自己坚持锻炼身体。

在我国的台湾地区，人们常用“龟毛”来形容一个人吹毛求疵、过度注重细节、过于讲究。强迫型人格者普遍具有“龟毛”的特点。

由于乔布斯对家具过于挑剔，他的房中很长一段时间没有太多家具，床上有一张床垫，墙上有一幅爱因斯坦的画，地上放置一台 Apple Ⅱ。乔布斯曾对家里的厨房进行改造，这一过程持续了数年。在此期间，他便在车库中使用电炉做饭。

乔布斯是强迫型人格者和嬉皮士的奇特组合，兼具强迫型人格特质和放浪的嬉皮士的特点。

“嬉皮士”是英语 hippie 或 hippy 的音译，本来用于描写西方国家 20 世纪 60 年代和 70 年代反抗习俗及当时政治的年轻人。

嬉皮士用公社式的、流浪式的生活方式来表现他们对民族主义和越南战争的反对。他们提倡非传统的宗教文化，批评西方国家中产阶级的价值观。

16 岁那年，乔布斯用两大特征——个人主义价值观和齐肩长发，来宣布自己正式成为嬉皮士的一员。在乔布斯 23 岁那年，也就是 1978 年，同为嬉皮士的女友布伦南怀孕。

乔布斯希望布伦南把孩子打掉，但并不强求。布伦南考虑再三，还是决定留下孩子。后来，布伦南把孩子生了下来，是个女孩，取名丽萨。有趣的是，乔布斯坚决反对把孩子送人，因为他深知被人领养是什么滋味。

当布伦南生下女儿后，23 岁的乔布斯坚持说他不是这个孩子的父亲，并声称自己“不孕不育”，不可能有自己的孩子，从而拒绝给布伦南抚养费。布伦南独自抚养女儿，生活艰难，甚至还需要依靠当地的福利制度才能生活。

乔布斯不但能对别人扭曲现实，甚至能对自己扭曲现实。在处理布伦南怀孕这件事上，他让自己置身事外。当别人质问这件事时，乔布斯说：“我不能确定那孩子就是我的。”

乔布斯和布伦南当时都是 23 岁，而这正是他亲生父母抛弃他的年龄。他当时并没有意识到这一点，后来才知道了这个巧合，这让他十分震惊：“天哪！”

作家莫里茨发表文章披露这一事实后，乔布斯恼羞成怒。乔布斯推测正是这篇文章令他错失了被评为 1982

年《时代》杂志“年度人物”的机会。

在乔布斯因胰腺癌去世前的一年里，他的女儿丽萨每隔一个月就去看望他一次。

有一次，乔布斯病得很重，几乎无法起床，于是丽萨想要去看他。在去看望乔布斯之前，丽萨在浴室里用昂贵的玫瑰面部喷雾，往自己身上狂喷了一阵。因为只有这样，她才敢去见父亲。

“我们拥抱时，我都能感觉到他的椎骨、肋骨，他身上有股发霉的味道，像流出有药味的汗水。”丽萨说。

就在丽萨转身要离开的时候，乔布斯叫住了她，说：“你闻起来像厕所。”

弗洛伊德认为，强迫型人格者的锱铢必较、事必躬亲、克勤克俭都是自己内心的不负责任、放纵不羁、叛逆愿望的反向形成。

乔布斯虽然以追求工作环境的整洁著称，但他在青年时期也曾经长期不洗澡，浑身恶臭，甚至把脚泡在公司厕所的马桶里。

也许乔布斯觉得女儿丽萨的出生是他年轻时的一个“污点”；也许他内心对女儿的生母布伦南是嫌弃的，因此连带着殃及女儿。

自律与放纵、主动与怠惰、干净与邋遢、秩序与混乱、节俭与浪费等并存，诸如此类的矛盾与挣扎，也是强迫型人格者内心普遍存在的冲突。

强迫型人格≠强迫症

强迫型人格和强迫症完全是两码事。美国国立卫生研究院将强迫型人格定义为一种健康的精神状态，在这种精神状态下，人会专注于各种法则、秩序和控制。强迫型人格者典型的表现是完美主义。

大多数强迫型人格者从未罹患强迫症，强迫症患者是没有精力经营像苹果这样的大公司的。实际上，不同的流行病研究结果显示，大部分强迫症患者都不具有强迫型人格。

患有强迫症的人会有一些不好的做法，比如，强迫洗涤、检查、整理等。有些人每天甚至要花好几个小时的时间洗手，以致扰乱了正常的身体机能。

根据美国《精神障碍诊断与统计手册（第五版）》的分类可知，如果一个人每天花在强迫性行为和仪式性的无用行为上的时间超过一小时，就可以诊断为强迫症。

但强迫型人格者的身体机能不会受到影响，他们只是坚信自己的思考方式是绝对正确的。

强迫型人格者的得与失

从演化论的视角看，在原始的狩猎型社会，强迫型人格者并不能起到什么积极作用。进入农耕社会，强迫型人格者的优点则开始显现。在重复整理、精耕细作、定期播种收割方面，强迫型人格者成了种地小能手。

进入工业社会，强迫型人格者更是如鱼得水。19世纪末，作家阿瑟·柯南·道尔敏锐地感受到了这种人的优势。他塑造的神探夏洛克·福尔摩斯，热衷细节，喜爱分类，总是表现出一副对什么都无动于衷的样子，爱穿一样的衣服，具有强迫型人格的特征。

从卓别林《摩登时代》里的流水线，到如今服务业窗口标准化的微笑，都折射出强迫型人格者其实在工业社会中更具有适应性。

像乔布斯这样的强迫型人格者的巨大成功，则显示出这个世界正在变得越来越具有强迫性。强迫型人格者简直就是为这个时代而生的。

凡是需要社会分工才能完成的工作，无论是建造一座桥梁，还是写一本书，都需要适度的“强迫”，才能保质保量地完成。

标准化、效率化的工业生产，需要严格的制度和精细化的流程做保证。强迫型人格者如果能把追求事事完美的执念控制在合理的范围内，在很大程度上就可以成为行业的佼佼者。

“工作狂”往往是强迫型人格者。他们的工作与生活模式中充满了自我强迫，无所不用其极地压榨自己。

20 世纪 50 年代初，雅诗·兰黛女士把两个年幼的儿子扔在家里，在接近半年的时间里，她坐火车走遍全国推销她的产品。

对强迫型人格者来说，浪费时间会让他们有负罪感，所以就算休息，他们也会选择参加一些能给自己“充电”

的活动。他们痛恨浪费，所以总是把钱存起来。

研究发现，一个具有强迫型人格特质的人，在IT领域表现得很好。实际上，很多科技公司，比如SAP在招聘人才时就会专门挑选此类人，也就是所谓的“A型人格者”。

强迫型人格者在体育领域也有很好的表现，特别是在棒球和高尔夫球这种要求运动员一遍遍重复相同动作的运动项目中。

由于强迫型人格者通常会关注细节，非常自律，善于控制情绪，坚韧，可靠可信，彬彬有礼，而这些习惯又都是人们比较推崇的，因此，社会上的强迫型人格倾向者越来越多。

强迫型人格者有时候过分强调秩序和完美，缺少灵活性和开放性，所以，强迫型人格者并不能胜任所有的工作。由于他们的社交技能很匮乏，他们会远离一些高度社会化的工作，让他们去当办公室主任或人力资源总监，那将是一个“灾难”。

强迫型人格特点

≺ 关注细节。

≺ 经常因追求完美而耽误工作进度。

≺ 非黑即白的二分法思维。

≺ 沉湎于细节、规则、条目、秩序、日程等，常常忽略了活动的要点。

≺ 沉迷工作，追求业绩，忽视了娱乐活动和社交的重要性。

≺ 存在类似“正是因为‘杞人忧天’，所以天没有塌下来”的奇特思维。

≺ 对道德、伦理或价值观过度在意，过于谨慎，缺乏弹性。

≺ 认为只有坚定立场、标准，才能防止自己滑向懒惰、放纵、亏损的深渊。

≺ 错误是无法容忍的，出错就必须受批评。

≺ 不愿将任务交给他人或与他人共同工作，除非他人能按照自己的方式行事。

≺ 难以决策，拖延，焦虑，轻度抑郁。

第4章

边缘型人格

——他弃、自弃与两极思维

一个人如果能够控制自己的激情、烦恼和恐惧，那他就胜过国王。

——约翰·弥尔顿

边缘型人格障碍患者就像一个身上90%的面积被重度烧伤的人，他们的情绪没有皮肤保护，轻轻的一个触碰就会引发极大的痛苦。

——玛莎·林纳涵

边缘（borderline）原本的含义是“临界的”。20世纪初期，精神病学家发现，有些人的症状与躁郁症非常近似，但又不符合躁郁症的标准。于是，有人提出“边缘（临界）型人格”这个概念。

当时人们认为，这种人格障碍的表现，是介于神经官能症和躁郁症之间的一种临界状态。所以，边缘型人格在日语中又被翻译为“境界性人格”。

“边缘”一词在用于形容人格结构水平时，内涵极其丰富。在边缘型人格结构的谱系中，各种状况的严重程度极为悬殊，它可以从神经症的一端延伸到近似于精神病的另一端。

边缘型人格其实是一种存在情绪调节缺陷的人格，也被理解为情绪在两种极端的边界之间摇摆不定的人格特征。和表演型人格者一样，边缘型人格者以女性居多。每 100 名女性中，就有 3 名是边缘型人格者。而每 100 名男性中，可能只有 1 名边缘型人格者，并且通常这个人处在刚成年阶段。

边缘型人格者的情绪常常被分离焦虑主导，内心有一种被遗弃感和自暴自弃感。他们在人际关系、自我形象、情感和行为等方面表现出显著的不稳定性。

一个关键字概括边缘型人格，就是“弃”。代表人物有安吉丽娜 · 朱莉、太宰治等。

被遗弃的“分离焦虑”

从精神分析的角度看，很多边缘型人格的形成，源于童年时期“父亲”或“母亲”角色的缺位。

2015 年，好莱坞性感女神安吉丽娜 · 朱莉被评为“全球最受尊敬女性”。

朱莉，1975 年 6 月 4 日出生于美国洛杉矶。朱莉的父母都是演员，母亲生育了哥哥和她之后，不得不退出演艺圈，成为一名全职妈妈。她的父亲沃特却在婚内出轨了，导致夫妻婚姻破裂。朱莉的母亲临终前，还一直交代朱莉不要让其父亲进到病房里来。

小时候，朱莉的五官长得很像她父亲，因此母亲不愿见到年幼的朱莉。有差不多两年的时间，母亲都把朱莉扔给保姆照顾，不闻不问。而朱莉的父亲更是从来没有尽过做父亲的责任。

回忆那段岁月，朱莉很伤感，说："我原来名叫安吉丽娜·朱莉·沃特，但父母离婚后，我母亲把'沃特'两个字去掉了，我小时候没有父爱。"

随着朱莉逐渐长大，母亲又和她住在了一起。1986年，母亲带着11岁的朱莉和哥哥重返洛杉矶，虽然经济窘迫，但好面子的母亲还是让朱莉就读了昂贵的比弗利山高中。但当时的朱莉只能穿二手衣服，因此也经常被同学们嘲笑。

也是在这时，朱莉开始崇拜迈克尔·杰克逊，并穿上钉满铆钉的皮夹克，把自己的头发染成深紫色。她还和自己的朋克乐队男友租了一个车库，终日不出门，听着重金属音乐，刺激自己的神经。

研究者认为，边缘型人格与“父亲”这一角色在家庭中缺位或弱化有关。父亲的缺位或弱化，会导致母亲的暴躁或忧郁，进而导致紧张的母女（子）关系。

很多边缘型人格者都有童年创伤，他们很可能在童年时期被忽略，或者被强行带离照料者，或者被虐待。童年时受到情绪极不稳定的父母的影响，孩子会无法对世界产生统一的和综合的观念，情绪只能在好与坏的两极动荡——形成一种极其不稳定的人格。

浮夸的两性关系

1989 年，14 岁的安吉丽娜 · 朱莉成了一名模特，虽然挣的钱只能勉强维持生活，却让朱莉体会到了自由的感觉。这一年，她有了第一位男朋友，并和他一起居住在母亲的房子里。这段初恋惊心动魄，据说两人爱得很投入，但也时常疯狂地伤害对方。

也正是在这个时期，朱莉开始出现自残的行为。

有人曾撰文指出，朱莉 16 岁那年和母亲的男友有染，这使得母女关系再度陷入僵局。朱莉说：“破坏性或叛逆性对那个时期的我不是与生俱来的。那时的我仅仅是需要发出我的声音，推开四面围堵我的墙。”

1995年，朱莉20岁，出演了《黑客》，这部电影虽然票房一般，但是获得了良好的口碑，朱莉也开始走红。

原生家庭是个人情感经验与两性相处方式学习的最初场所。

朱莉说，由于小时候经历过父亲出轨欺骗母亲的事实，因此和已婚男人保持亲密关系是她无法原谅的事情。然而，社会上依然存在关于她“小三上位”的传闻。

21岁时，朱莉与约翰尼·李·米勒相恋不久就走入婚姻，结婚典礼上她没穿婚纱，而是一身黑衣，并用自己的血在衣服上写下“米勒”与“他是我的丈夫”。但这段婚姻维持不到两年，他们就分居了。

25岁那年，朱莉和大自己19岁的演员比利·鲍伯·松顿的婚礼也堪称惊世骇俗，为了宣誓自己的爱情，两人交换了装有各自血液的小瓶子，然而这段婚姻也不到 3 年就走到了尽头。

边缘型人格形成的根源之一，在于童年时期严重缺乏关爱，被忽略甚至被遗弃。

这样的个体成年后，往往会有浮夸的两性关系，也就是他们经常说的“爱得轰轰烈烈，死去活来”，这是边缘型人格者的行为特征之一。朱莉这些行为，印证了她就是典型的边缘型人格者。

强烈的“自弃感”

精神分析理论认为，边缘型人格的形成与婴幼儿发育、依恋及创伤高度相关。美国的一些心理学家认为，玛丽莲·梦露属于边缘型人格者。

梦露是个私生女，父亲在她未出生时就远走他乡，7 岁时母亲精神错乱。对于梦露而言，“父亲”这个角色是不存在的，“母亲”这个角色也是残缺的。由于母亲被精神病医院收治，梦露则被孤儿院以及多个家庭收养，这期间曾多次遭到强奸。梦露在 10 岁时出现了口吃、社交恐惧症等心理问题。

梦露长大后，变得性感迷人。她奋不顾身，一路向着好莱坞的名利场猛冲，成为一代艳星。虽然星途顺畅，但她内心并不幸福。

梦露短暂的一生有过多次婚姻，却都没能维系多久。梦露说："我自私，没有耐心，缺乏安全感。我会做错事、发脾气，有时还很难缠。但一个人不快乐，总好过两个人在一起不幸福。"

边缘型人格者往往在童年时期缺乏关爱，甚至有被虐待或被遗弃的经历，这让他们常常陷入一种恐慌的状态中。他们渴望安全与救助，但又害怕再次被虐待或被遗弃。

梦露曾经多次想尝试自杀。她还有酒精依赖和安眠药依赖，这种依赖在一次怀孕流产后更加严重。虽然她接受了心理医生的治疗，但病情并没有多大起色。

1962 年 8 月 5 日，玛丽莲 · 梦露被发现死于寓所，死因是服用过量安眠药。终年 36 岁。

边缘型人格并不是女性的"专利"，日本无赖派作家太宰治也是一位边缘型人格者。太宰治的边缘型人格，可能源自童年时期“母亲”角色的缺位。他一生曾反复多次试图自杀，而且还喜欢拉着别人和他一起自杀。

对于边缘型人格者而言，反反复复的自杀企图（例如割腕）并不是演戏，他们的反复自毁行为，是一种行为模式的强化，正一步步滑向危险的深渊。

以太宰治为例，他曾多次和异性相约自杀，但都没有成功，而最后一次服毒后投水自杀，真的成功了。

太宰治那句著名的“生而为人，我很抱歉”的话，非常符合边缘型人格者的心境。究其原因，边缘型人格者除了存在一种会被他人抛弃的焦虑，还存在一种强烈的“自我放弃感”。也就是讨厌自己，认为自己是无趣的、低人一等的，觉得自己很脏、很丑、很没出息，没有存在的价值，更有甚者，会希望抹去自己在世上存在的痕迹。

这种“自弃感”会引发他们自我作贱的行为，也就是所谓的“自暴自弃”。为了分散自己的注意力，他们必须不断寻求新的刺激源。刺激源可以是药物的滥用、放荡不羁的行为、不惜命的行为，以及盗窃，等等。“心跳”能让他们情绪高涨，将他们从低落与空虚中解救出来。所以边缘型人格者才会做出许多非理性的行为。

当某个人对边缘型人格者好言好语，他们便会爱上那个人，或是不顾一切与那个人结婚。而那种持续的自我否定感，会让他们畏惧被他人抛弃，这又导致他们内心无比空虚，心情也容易低落。

弄明白他们与原生家庭的关系，有助于理解他们的自我否定观念。

研究发现，除了严重缺乏父母的关爱，边缘型人格者人格特质的形成还与他们的兄弟姐妹有关。一奶同胞的兄弟姐妹也许体弱多病，也许善于撒娇，或有其他吸引父母关注的能力。总而言之，父母的注意力都转移到了这个同胞身上。忍了很久之后，终于，他们爆发了。这时父母才会给予他关注。父母这种“会闹的孩子有糖吃式”的反馈，又强化了孩子的行为模式。

除了家庭的影响之外，据调查研究，一些边缘型人格者具有先天的、有生物基础的情绪敏感，例如暴躁的、强烈的、反应激烈的情绪。这些孩子需要获得特殊的养育。

此外，研究发现，如果父亲、母亲或者兄弟姐妹中有一个是边缘型人格者，那么其他的家庭成员发展出边缘型人格的风险很高。

非黑即白的两极思维

一些极端的边缘型人格者缺乏自我反省的能力，甚至会因此产生莫名的敌意。有一位女性边缘型人格者向心理咨询师求助，咨询师给了她一份问卷，其中有一道填空题：我是一个 ________ 的人。

这位女士看到题目后勃然大怒：“谁知道这扯淡玩意儿怎么填！”

这种愤怒往往是在他们认为身边的人怠慢他们，和他们保持距离，对他们漠不关心，或是要遗弃他们的时候才会爆发。这让他们表现出极端的讽刺、持续的尖酸，或是言语方面的爆发。

边缘型人格者对自我形象缺乏一个稳定的关于“我

是谁”的认识，昨天还兴高采烈，今天就跟世界末日要到来一样消沉到了极点。俗语中有“麦秸火脾气”的说法，意思是说燃点极低，一点即着。他们常因小小的刺激就表现出极大的愤怒，并且长期感觉空虚。同时，他们还非常害怕被抛弃。

边缘型人格者难以拥有稳定的人际关系，可能昨天还觉得认识你是上天的恩赐，今天就会因为一点儿鸡毛蒜皮的事认为你是世界上最坏的人。

边缘型人格者对于身边的朋友或情人一开始总是过度理想化，在相处过程中就会逐渐感到失望和痛苦。

1990年，好莱坞上映了一部名叫《危情十日》的电影，该电影是根据斯蒂芬·金同名小说改编而成。电影讲的是一位名叫保罗的畅销书作家的历险记。

保罗是系列小说《斯米莉》的作者，因为花在这部小说上的时间太长了，他感到厌倦了，想赶快完结这部小说。写完小说《斯米莉》之后，保罗在驾车回纽约交稿的路上，因雪天路滑出了车祸。

待保罗醒来时，一位名叫安妮的女人告诉他，自己是他的忠实读者。这时，保罗的腿严重骨折，需要卧床养伤，但大雪封山，已经没法去医院了。

安妮曾经做过护士，于是她无微不至地照护保罗，这让保罗非常感激。为了报答她，保罗把小说《斯米莉》的手稿给了安妮，让她先睹为快。

然而半夜，保罗被安妮的怒吼惊醒。

原来，小说《斯米莉》中的斯米莉虽然只是一个通俗小说的女主角，但她对于大山里的安妮来说，却具有一种“陪伴”功能。当安妮看到书稿里的主角斯米莉被作家保罗“写死了”，也就是说这个故事要真正大结局了，她无法原谅这个被她视作“大神”的作家的背弃。于是，这种“分离焦虑”令安妮对保罗产生了愤怒和仇恨。

非黑即白的思维，在边缘型人格者的身上表现得尤其明显。

安妮威胁、强迫保罗焚稿，无奈之下，保罗只能烧掉了自己的书稿。安妮把保罗囚禁在一个屋子里，要他改写《斯米莉》的结局。

据斯蒂芬·金本人说，这个故事的灵感来自他的粉丝们的抱怨。他的一些老粉丝说他变了，不再写早年那种风格的恐怖故事了……这个故事算是他对自己粉丝的一个交代。

这个故事以文学中的修辞手法阐释了非黑即白、非善即恶的思维方式。剧中的安妮，正是以这种眼光来看待事物，对事物的评价会在两个极端之间来回切换，这让她既有“边缘”的特质，也有“强迫”的属性。

自毁与救赎

一个名叫富兰克林·梅尔的毒贩爆料了安吉丽娜·朱莉有吸毒的旧闻。朱莉曾说：“当其他小女孩梦想着成为芭蕾舞者时，我有点儿想成为吸血鬼。”

另据媒体报道称，安吉丽娜·朱莉在 2000 年获得奥斯卡最佳女配角之后去过精神病医院，还曾尝试雇一名杀手干掉自己，只是因为杀手爽约才活到现在。

边缘型人格者属于不安全依恋类型者，且缺乏反省能力，无法识别自己和他人的行为。他们心中最大的恐惧是被依存的对象抛弃。

因此，边缘型人格者会通过自我伤害行为，让依存的对象留下来。而被依存的对象也会因此对他们“小心翼翼”，生怕惹到他们。当然，这种接纳只是暂时的。当边缘型人格者的心理恢复平静后，一切又变回原样。

这种不能持续的认同，令边缘型人格者局促不安，于是他们就故技重施。时间久了，大家便会认为他们的自杀企图与自残行为是在表演，他们的目的不过是吸引他人的注意罢了。

如果边缘型人格者的身上又带有表演型人格的特质，自残或者自杀的倾向就会更加明显。即便如此，我们也不能将这类行为视作单纯的作秀。

因为，这种误会是非常危险的。边缘型人格者的行为背后，时常隐藏着强烈而真实的自毁冲动。

对于边缘型人格者而言，有时用一种“父母式的态度”，也就是“不含诱惑的深情，没有敌意的坚决”对待他们，往往能帮他们处理好自己的情绪问题。

边缘型人格者时常会出现抑郁、恐慌的情绪，甚至出现进食障碍、药物滥用等行为，最严重的莫过于自残行为与自杀企图。边缘型人格者接受治疗的契机，多为自杀未遂时。如果一个人出现了边缘型人格障碍，是可以通过治疗得到有效缓解的。

安吉丽娜·朱莉最终向心理医生求助，克服了自己的人格障碍，重新塑造了善良、勇敢、情感丰富的女性公众人物形象。

她热心公益慈善，收养难民的孩子，给难民捐款，呼吁国际社会关注他们，被商业杂志《价值》评为全球最有影响力的25位慈善家之一。

朱莉在经历了多年的担心、焦虑和自我厌恶后，开始意识到，与非洲国家、埃塞俄比亚和柬埔寨的人民相比，自己青春期时的那些烦恼根本不算什么。

她曾说："过去我花了太多时间在我自己狭小的世界里进行自我同情，而没有醒来看看自己拥有多少有利条件。"

边缘型人格特点

- 非黑即白的思维模式，缺少自我反省能力。
- 拥有不稳定且紧张的人际关系模式。人际关系在极端理想化和极端贬低化之间摇摆。
- 一开始会过分依赖某人，最后又会变得疏远和厌恶某人。
- 缺乏持久、稳定的自我形象和感觉，会突然、戏剧化地转变自我形象（青春期的形象改变不在此列）。
- 突然改变长期目标、职业规划、性取向、价值观和交友类型等。
- 会以某些手段操控对方，如抱怨身体不适，表现出无助、自虐、自杀等倾向。
- 既期望拥有亲密关系，又害怕受到亲密关系的伤害。
- 认为自己骨子里是邪恶的，反复进行自我毁灭性行为，如自杀、飙车、物质滥用、暴饮暴食等。
- 对环境及人际关系非常敏感，即便面对短时间的分离或理性的批判，也会有强烈的被遗弃的感觉。

∢ 为避免真实或想象中的被抛弃感，会做出疯狂的事情。

∢ 不合时宜的情绪波动，强烈的、难以抑制的愤怒、烦躁、不安。

∢ 语言尖酸刻薄，攻击性强。

第 5 章

偏执型人格
——深入骨髓的怀疑

只有偏执狂才能生存。

——安迪·格鲁夫

偏执狂幻想的存在超出对信仰的依赖，因为它把自身呈现为先验真相，并且不需要信仰去拥有一个有效的、有根据的存在。

——卡尔·荣格

偏执（paranoid）这个术语含义非常丰富，其中一种是关于爱、恨、被害、嫉妒、荣誉、诉讼等的自我援引性优势观念。

不少人望文生义，把“偏执”理解为倔强和执拗，这是不准确的。其实，如果我们把偏执替换成“怀疑”，或许能更好地理解这个概念。

大家最熟悉的偏执狂形象应该是来自鲁迅先生的被选入教科书的那篇《狂人日记》里的“狂人”——一位总是害怕被吃掉的被害妄想症者。鲁迅将一位偏执型人格者塑造得入木三分——他（被害妄想症者）看见邻居交头接耳，就怀疑是在密谋害他；医生给他诊脉，他怀疑那人是刽子手假扮的；大哥让他静养，他却怀疑是想养肥他好多吃些肉。

第5章　偏执型人格
——深入骨髓的怀疑

偏执型人格，有时又被称为妄想型人格，除了常见的被害妄想，还有被爱妄想、嫉妒妄想等。

一个字概括偏执型人格，就是“疑”。代表人物有莎士比亚的戏剧《奥赛罗》中的主角奥赛罗。

被害妄想与威权型企业家

有些人不同意把企业家安迪·格鲁夫所著的*Only the Paranoid Survive*译为《只有偏执狂才能生存》，并建议把书名改为“只有诚惶诚恐才能生存”，但这样的话就谬之千里了。

其实，“偏执狂”这个译法并没问题，这个书名忠实地反映了安迪·格鲁夫的本意。格鲁夫非常诚实，说出了自己的想法：一位企业家只有时刻警惕会不会被竞争者吞噬，像患上了被害妄想症一样，才能有生存的资格。

美国精神病学家特里·库帕斯博士认为，人们天生就会带有一点被害妄想症（有一种不安全感），所以人在每时每刻都会有察觉危险的倾向。

对于某些企业家来说，“总有刁民想害朕式”的思维，是一种自我防卫机制。彼得·德鲁克说：“（企业家）预言未来的最好形式是参与创造未来。”偏执型人格者的防卫机制，近似于“自我实现的预言”。偏执型人格者会通过“引蛇出洞”的方法，让不忠于自己的人尽情表现，然后以此为契机，铲除他们。

在电视剧《都挺好》里，众诚集团的蒙总就有偏执型人格的特质。蒙总为了给儿子铺路，就装病演了一出“引蛇出洞”的戏码，导致公司内部人心浮动，各路人马争权夺利。

正所谓“疾风知劲草，板荡识忠臣”，在这次危机中，众诚集团淘汰了不忠诚的高管，一举将威胁公司稳定的因素肃清了。

蒙总这种领导者，最关心的就是守住自己的优势地位，所以他无法真心信赖自己的部下。就算对自己忠心耿耿的苏明玉，他也有防范之心。

像蒙总这样的老板，更在意的是部下会不会出卖自己，会不会投靠敌营，会不会自立门户成为自己的对手。这种对安全感的需求，甚至超越了对利益的需求。为了考验他人，他们不惜牺牲短期利益，甚至不惜让整个公司瘫痪。

封建王朝中的开国之君往往具有偏执型人格特质，他们肩负着清除全民公敌的重任。

家族企业，宛如一个迷你版的“封建王国”。家族企业中的董事长就是“太上皇”“独裁者”。研究组织行为，家族企业是很好的考察对象。

很多民营企业家都具有偏执型人格的特质。特别是一些家族企业的领导者，他们常常表现得敏感、多疑，过分警觉。这类人往往也兼有自恋型人格的特质，擅长权谋与交涉。

他们不仅能理解他人的情感和诉求，还能预测对方的反应与战术，善于设局与操纵他人。

偏执型人格是在威权型企业家中普遍存在的人格特质。亨利・福特有一个用人原则：我宁愿牺牲 50% 的效率，来换取 100% 的忠诚。

企业中的偏执型人格管理者当然也注重部下的“才”，毕竟没有工作能力，就没有经济效益。但他们也看重部下的“德”，只有忠心耿耿才能降低管理成本。

在德与才、风险与收益的权衡中，偏执型人格管理者往往会错失真正有干劲的人才。“疑心重”可以帮他们在激烈的竞争中存活下来，也可能会阻碍他们的发展。

嫉妒妄想与奥赛罗情结

嫉妒是人类的一种普遍的情绪体验，是一种带有攻击性的情感反应，在合理范围内可被视为正常反应。

偏执型人格者的嫉妒，是一种自我援引性优势观念。也就是说，偏执型人格者会主动搜集证据，来证明自己的嫉妒是合乎理性的，进而形成一套不可动摇的信念系统。

我们可以从莎士比亚的戏剧《奥赛罗》中略窥偏执型人格的特质。奥赛罗是一个黑皮肤的摩尔人，是威尼斯公国雇佣的一名武将。他爱上了贵族元老院元老勃罗班修的肤白貌美、秀外慧中的女儿苔丝狄蒙娜。明知婚事不被允许，奥赛罗和苔丝狄蒙娜仍瞒着父母秘密结婚了。

奥赛罗手下有一个看起来很忠勇的旗官叫伊阿古，他嫉妒奥赛罗提拔了卡西奥任副将而未关注自己。同时他也觊觎苔丝狄蒙娜的美貌，嫉妒奥赛罗娶到了一位这么美丽的妻子。

大奸若忠的伊阿古拥有超强的洞察力，他非常了解人性的弱点。于是，他想方设法制造误会，让奥赛罗误以为卡西奥与其妻子苔丝狄蒙娜有染。

叔本华说："没有哪一种恨意能像嫉妒那样难以消除。"

果然，在伊阿古的挑拨下，奥赛罗的嫉妒情绪被点燃了。奥赛罗说："我在没有亲眼看见以前，决不妄起猜疑；当我感到怀疑的时候，我就要把它证实，果然有了确凿的证据我就一了百了，让爱情和嫉妒同时毁灭。"

伊阿古嫉妒奥赛罗有美丽的妻子、忠诚的下属。他的快乐就是要破坏奥赛罗和苔丝狄蒙娜童话般的婚姻，制造奥赛罗与部下之间的矛盾。于是，他继续制造证据和假象。

虽然伊阿古提供的证据并不完整，但嫉妒之心让奥赛罗自行"脑补"了一切，最后妒恨令他忍不住要杀死妻子。苔丝狄蒙娜对奥赛罗最后的辩解是"除非我对你的爱是罪恶，我不知道自己还有什么罪恶"。

在婚床上，奥赛罗亲手掐死了忠贞而单纯的妻子。当伊阿古的妻子揭穿这一谎言与骗局的时候，奥赛罗如梦初醒，拔剑自刎。

奥赛罗本是一个好人，但因为娶了美丽聪慧、几近完美的妻子，所以他对自己不自信了。他开始敏感、自卑、多疑，终因嫉妒而害死了妻子。

奥赛罗的悲惨结局，固然有伊阿古挑拨离间的成分在，但奥赛罗的人格特质却是最根本的因素。所以，这种嫉妒妄想又被称为奥赛罗综合征。奥赛罗的嫉妒心理和行为使得他具有偏执型人格的特质。

偏执型人格者经常会感到不安，喜欢怀疑自己的配偶。他们总怀疑自己的配偶有外遇，会用各种方法来验证自己的怀疑，甚至跟踪或监视配偶的活动。他们必须清楚配偶的所在地，否则就坐立不安。他们不许配偶与其他异性有任何接触的机会，这是一种性嫉妒妄想，又称不贞妄想。

被爱妄想与大脑补偿

值得一提的是，还有一种和被害妄想表现相反的妄想型——被爱妄想，又叫钟情妄想。这两种妄想的思维模式是一样的，都是自己“脑补”各种证据，论证自己的猜想是正确的。

一个人如果在成长中长期缺乏爱和关注，那么一有机会，他们的大脑就可能会开启“补偿模式”，妄想自己被爱或者被关注。如果某人对他好一点，他就会觉得别人是爱上了他。

即使遭到对方的严厉拒绝，他也会认为对方是在考验自己对爱情的忠诚。

有时，这种被爱妄想对象不一定是具体存在的人。他们会妄想自己是被女巫诅咒的王子，会有公主通过一个吻把自己变回真身。抑或，妄想自己是被恶龙困住的公主，会有屠龙少年前来拯救。

果戈理也写过一篇《狂人日记》，讲的是一位在官僚体系中受科长压迫的文官波普里希金，怀疑司长的女儿爱上了自己，然后试图寻找各种证据进行论证，最后被关进疯人院的故事。

在果戈理的《狂人日记》中，波普里希金是一个低等文官，经常挨科长的批评，对上班毫无兴趣，喜欢宅在家里。但为了薪水，又不得不去上班。

某天，他一早来到单位，恰好司长的女儿进来找爸爸，手帕不小心掉在了地上。波普里希金上前帮司长的女儿捡起了手帕，于是司长的女儿对他莞尔一笑，自此他便深陷其中，无法自拔。

波普里希金认为司长的女儿喜欢自己，于是开始疯狂地追求司长的女儿。

科长骂波普里希金竟敢追求司长的女儿。波普里希金心中却想，自己才42岁而已，正当壮年，说不定还能被提拔为上校。那时，科长给自己拿皮包还不配。

《狂人日记》中关于波普里希金内心活动的描述，使得波普里希金身上具有了被爱妄想者的特点：自以为是，自命不凡，对自己的能力估计过高。

后来，波普里希金干脆不上班了，整天在床上躺着，胡思乱想。

某些偏执型人格者之所以会表现得酷、高冷，孤芳自赏，很难接近，是因为他们更愿意沉浸在“精神恋爱”的幻想模式中。如果你打开他们的心门，就会发现他们的内心其实很热切，他们会把你当成非常特殊的人，比如真命天子、真命天女。

偏执型人格有可能会演变为被爱妄想症。偏执型人格者中，男性比例要高于女性。

可以想象一种场景，当一位表演型人格的女子，遇见了一位偏执型人格的男子，女子一个无意的娇羞，惹得男子寤寐思服。他将她的友善解释为爱慕，任由被爱的妄想肆意蔓延，于是，热烈而执着的求爱就此开始。

然而，这个爱情故事有着开放式的结局。或许，女子被男子猛烈的爱情攻势感动了，一厢情愿变成了两情相悦；或许，男子单方面的热情终究变成了失望，从此由爱生恨，一腔欢喜就会转变成此恨绵绵。

自恋型名人 VS 偏执型粉丝

多数名人都显得有那么一点点自恋。一方面，他们确实有值得自恋、自豪的过人之处；另一方面，崇拜他们的人太多了，他们不可能顾及全部拥趸的感受。

粉丝（fans）一词本来就是狂热者的意思，这其中又不乏走极端的“私生饭”。所谓私生饭，就是艺人、明星的粉丝里行为极端、作风疯狂的一种人，他们为了追星，甚至不惜跟踪、偷拍、偷窥自己喜欢的明星。私生饭中不乏偏执型人格者。

当自恋型的明星遇到偏执型的粉丝，有时候就会发生一些冲突。

偏执型的粉丝会认为，“我把你（自恋型的明星）当男神 / 女神一样供奉，你却不能满足我的一些要求”。接着，他们就可能会“粉转黑”，贬低自己曾经的偶像，甚至做出一些极端的行为，比如跟踪、绑架等。

1989 年，一位名叫丽贝卡·沙弗尔的好莱坞新星，被自己的粉丝巴尔多枪杀于家中。巴尔多是一名薪水微薄的餐厅侍者，枪击事件发生之前，他已经跟踪丽贝卡 3 年，甚至还给她寄信表达爱意，先后寄了 1000 多封信。

一次，丽贝卡的经纪人抽奖似地随机挑了几名幸运粉丝，让他们参加一个丽贝卡的小型见面会。这更激发了巴尔多追星的热情，这时他没有根据地猜想丽贝卡一定对他有特别的好感。

后来，丽贝卡接拍了一部电影，影片中有一段关于她和男主角的激情戏，且被媒体大肆炒作报道。不曾想，这大大激怒了巴尔多，他感觉自己被戴了“绿帽子”。

于是，他通过私家侦探打听到了丽贝卡的住址。巴尔多当面向丽贝卡表达了自己的爱意，但被拒绝。最终，被拒绝的巴尔多杀死了丽贝卡。

这就是我们前面所说的，一旦自己的偶像不能满足自己的需求时，偏执型粉丝就会走向另一个极端——贬抑、羞辱偶像，甚至做出更极端的行为。

像丽贝卡这样的明星被粉丝攻击的事件不少见。且不说约翰·列侬这样的巨星，就是普通网红，也常常会与自己的粉丝之间有冲突。

令人费解的是，那些狂热的、有钟情妄想的偏执型粉丝，大都是出身寒微、家庭经济窘迫的可怜人。比如巴尔多，他只是一个饭店服务员而已。据媒体报道，痴迷某明星的女子，花了不少钱去追星，而家人则是贫病交加。甚至还有打赏网络主播的年轻人，用的都是父母的血汗钱。

为什么会出现这种情况？一种解释是，现实太困苦了，偏执型粉丝遭遇了太多的拒绝和冷眼，他们的大脑更容易开启钟情妄想的补偿机制。大众明星在屏幕上光彩照人的形象，更容易打动他们。

偏执型人格者更能幸存？

回到本章开头的内容上来，果真就像格鲁夫所说的那样，偏执狂有着更高的幸存概率吗？

我们不妨用进化心理学的人格进化模型来猜想。进化心理学认为，一种人格之所以能够世代相传，一定是因为它有利于生存和繁衍，从而才能在进化的过程中成为遗传的优选对象。

被害妄想所导致的猜疑，能够强化对敌人的防范意识，清除潜伏的危险，从而提高幸存概率。而钟情妄想所导致的自作多情，在适当条件下也能演变成两情相悦的组合。

还有人认为，那些拥有更高嫉妒感的人更有利于繁衍，因为这能在一定程度上保证配偶的忠诚。对于男性而言，更高嫉妒感可以保证自己是孩子的生物学父亲；对于女性而言，可以保证配偶把所占有的资源分配到自己和自己孩子身上，而不是其他女人和私生子女身上。

然而，这只是从有利的一面推想的。事实上，善变与多疑也同时会造成一些明显的劣势。相对于偏执型人格者的善变、多疑来说，那些具有坚定不移的信念、稳定可靠的情绪的人更容易成为领导者。

尤其是在一个基本上都是熟人的部落里，过度的灵活、善变与多疑，很可能会导致自己的社会地位降低。在原始社会，这往往意味着拥有更少的配偶和更少的后代。

而且，太过多疑可能会妨碍一个人寻找盟友和协同工作，同时，太过顽固则不利于适应变化的环境。

美国的一项调查显示，偏执型人格者占正常人口的0.5%～2%。由于这种人缺乏自知之明，往往不承认自己有偏执行为，因此实际情况可能要超过这个比例。

然而，到目前为止，并没有可靠的统计数据可以证明，偏执型人格者在地球上占有更高的比例。

偏执型人格特点

- 容易对他人的行为产生不好的猜测，毫无根据地怀疑配偶的忠诚。
- 努力寻找证据以证明自己的怀疑，排除更合理的结论。

∢ 心怀嫉妒，常常胁迫和支配他人，不愿意听从他人的指示。

∢ 狂热的独立者，只信任自己，自视甚高，表现出无所不能的样子。

∢ 很容易感到被冒犯，受到质疑则做出争论、攻击性行为。

∢ 阴谋论者，倾向于将世间百态都解释为“阴谋”。

∢ 理性、冷漠，富有逻辑，坚决抵制他人的辩解。

∢ 对有关个人隐私和身世的问题极度敏感。

∢ 不容易原谅他人对自己的侮辱、伤害、轻视。

∢ 一旦被触怒，就会实施激烈的报复行为。

∢ 总是处于防备状态，从不吐露心声，满腹怀疑。

∢ 与现实环境不相称的好斗，固执地维护个人的权利。

∢ 将失败归咎于外在因素、客观原因，不愿意承担责任。

∢ 无法接受批评，对挫折与拒绝过分敏感。

第6章

反社会型人格

——全能控制与恶意自大

我们不只是基因的产物，并且科学也只能解释人类天性的一部分。

——詹姆斯·法隆

就好像有些人不能分辨某些颜色，这种情况被称为色盲；有些人没有乐感，不能分辨音调。同样也有少数人天生不具备道德感。

——亨利·莫兹利

反社会型人格，又称为无情型人格或社会性病态，这种人的行为特征是共情能力（感同身受的能力）的缺失。他们不一定就是罪犯，只是天生没有同情、怜悯之心，是道德感淡漠的人。

从轻度一端的温文尔雅且狡诈圆滑者，如《穿西装的蛇》里的无耻高管，到严重一端的任意害人的精神变态者，都可归为“反社会”的谱系。

这种人格最早被称为悖德型人格，然而“悖德”带有主观的道德批判的意味。“反社会”这个术语显得更为严谨，因为它侧重从旁观者角度审视同一现象，着眼于外显行为，且强调所导致的社会后果。

哈佛大学医学院的玛莎·斯托特博士认为，在崇尚个人主义的美国，反社会型人格倾向者高达 4%。这意味着，差不多每 25 个美国人里面，就有一个人具有反社会型人格倾向。而在崇尚集体主义的亚洲，反社会型人格者的比例就低得多，为 0.03%～0.14%。反社会型人格者中以男性居多，男女比例约为 4∶1。

一个关键字概括反社会型人格，就是“戾”。代表人物有克里斯滕森、《穿普拉达的女王》里的总编辑米兰达等。

衣冠禽兽

J 先生出生在一个富裕家庭，他聪明、英俊，却不爱学习，成绩总处在中游。

从 J 先生 8 岁起，每年暑假他都会和家人一起去他们的乡间别墅度假。他在那里的池塘边发明了一种游戏——用剪刀戳死青蛙。9 岁那年的暑假，他的玩法更加血腥了。他从杂志上知道有一种烈性鞭炮，但这种商品被禁止卖给未成年人。

于是，他偷了父母的钱，并怂恿一个比他年龄大的孩子，帮他搞到了这种鞭炮。他把鞭炮塞进青蛙嘴里，把它们炸得血肉模糊。一天，他骗6岁的妹妹来看自己的“表演”，妹妹被吓得歇斯底里地跑回家，向母亲告状。

在J先生小时候，父母就已经意识到，自家的儿子是不容易管教的孩子，长大后可能是个“混世魔王”，所以对他的管教格外严厉。

11岁时，J先生就开始与比他年龄大的女孩子约会了。大约12岁时，他就意识到自己有朝一日会变得很富有，于是开始偷偷研究父母的账本，计算自己能继承多少遗产。

你觉得成年后的J先生会是什么样的呢？是庞大的犯罪集团的头目，还是残害妇女的杀人狂，抑或图谋财产而残害父母的恶魔？事实上，以上选项都不是。

成年后，他在一个不太出名的大学里混了一个MBA学位，并在26岁时进了一家矿业设备公司。在继承父母遗产之前，J先生已经飞黄腾达、事业有成了。他现在是一位整洁得体、身穿高档商务西装的“雅痞男”。

第6章　反社会型人格
——全能控制与恶意自大

J先生在激励业务代表、拓展人脉方面颇有天赋。他很快就发现，操纵这些受过教育的成年人，和儿时怂恿那些大孩子替自己搞到鞭炮一样简单。于是，他很快成为老板所倚重的业务骨干。

30岁时，J先生娶了一名颇有地位的富家女孩。36岁时，J先生有了两个孩子。与此同时，他也备受器重，成为公司董事会的一员，并担任公司国际部的总经理。

他一方面对公司有贡献，另一方面也为公司带来一些负面影响。这些负面影响首先来自他冷酷的管理风格，员工普遍认为他是一名“歹毒”的管理者。

他还因涉嫌猥亵一名女秘书而被起诉。该女子称被J先生性骚扰，并因反抗而受伤。一番周折后，双方当事人选择了庭外和解，老板赔偿了5万美元给这位女秘书作为封口费。

在J先生50多岁时，美国证券交易委员会指控他犯有欺诈罪。

这是玛莎·斯托特博士所举的一个常见的“反社会型人格”的例子。

加拿大心理学家罗伯特·黑尔是研究精神变态者的专家，黑尔博士制造出一个概念——“穿西装的蛇”，用来形容做研究期间遇到的一种人。这种人看上去“挺正的”，但是心狠手辣，靠着一路钻营而爬到公司最高层——他们也是反社会型人格者。

他们的智商高于平均值，并且情商也颇高。他们无法体会情绪的细微变化或深度，但可以通过观察，模仿出正常应有的情绪，常常表现得诙谐幽默、妙语连珠。

他们心狠手辣又善于操纵感情，虽然没有外显恶行，但核心思维方式和处事方式却具有反社会性特征，典型的人物形象是电影《穿普拉达的女王》里的总编辑米兰达。

天生变态杀人狂?

民间有所谓“胎里坏”的说法，这究竟是一句戏言，还是一种现象呢?

20 世纪 80 年代，一份关于先天性反社会型人格者的研究报告表明，具有反社会型人格倾向的儿童比同龄人表现出更多的攻击性。

美国加州大学有一位神经学科学家，名叫詹姆斯·法隆。法隆教授可谓事业成功，家庭幸福，经常为各类媒体提供犯罪心理的专业分析。2005 年的一天，法隆教授在研究脑部扫描图像时，为了扩大研究样本，他让自己家族成员也进行了脑部头像扫描。

在这些脑部扫描图中，他发现，有一个人的脑部扫描图和他研究的凶杀犯的脑部扫描图非常相似。法隆教授大吃一惊，家族里会不会有个隐藏的凶杀犯呢？讽刺的是，法隆教授最终发现那张脑部扫描图不是别人的，正是他本人的。

法隆教授觉得不可思议。他认为自己是一个正常人，并且，自己是在幸福的环境下成长的，有着自信、乐观、幽默、阳光等特质。但法隆教授细细回想自己的成长之路后，意识到自己并不是一个普通人。

他在初中的时候有过强迫症经历。那时他会捡起自己走过的路上的树叶，保持自己所走过的路是干净的。

他还会强迫性地不停洗手。有时，他又会觉得自己有很多罪过，甚至会一个人坐在公园长凳上想出自己有 40 多种罪。13 岁时，他一度将自己封闭起来，沉浸在情绪的泥潭中。

法隆教授经过一番细细比照后，自我评价是一个心理变态狂。

他说自己有很强的控制欲，喜欢掌控别人，掌控事业，不在乎别人的安慰、感受。又因为躁郁症的原因，喜欢冒险，不拘一格，甚至故意把他的哥哥带入危险的地方。最后，法隆教授坦然地接受了这些，变态就变态吧，至少现在还没有犯罪。

几个月后，法隆教授的母亲递给他一本书，这本书里详细地描述了法隆教授父系家族的历史。令法隆教授崩溃的是，他的家族中出现过很多臭名昭著的变态杀人狂。

从家族中第一桩弑母案算起，之后的 200 年里，其家族中陆续曝出弑母、杀妻等多个重型罪案。另两支血脉里，一支全是凶杀犯，一支很多都是抛妻弃子的流氓。

第6章 反社会型人格

——全能控制与恶意自大

法隆教授在研究自己的时候，发现了一种特殊基因，这种基因足以影响大脑结构，让人产生暴力情绪和反社会行为。法隆教授将这种基因称为“战士基因”。

法隆教授本人也是一个“战士基因”的携带者。法隆教授承认，自己有很多行为符合反社会型人格特质。

反社会型人格究竟是先天遗传还是后天习得？不同学派的心理学家对这个问题的讨论一直没有定论。有一种观点认为，关于反社会型人格的形成，先天遗传因素和后天习得因素之间相互作用。

人类大脑中的化学物质可随个体感知而发生变化。一个人在童年时期遭受忽视和虐待，他的前额叶皮质就会发生变化，而这一区域正是大脑负责伦理的中枢。

童年经历可以改变一个人的基因表达，反社会型基因可能会被激活，也可能会被抑制。因此，反社会型人格的形成，是早年经历和基因表达交互作用的结果。

法隆教授认为，自己到目前为止之所以能控制自己没有成为一名罪犯，得益于良好的家庭条件。他说：“我的原生家庭很美满，我的父母很爱我，我还有自己的美好家庭。”

然而，还有一些研究显示，某些反社会型人格的形成，与家庭教育方式没有任何关系。一对完美的父母，仍有可能养育出一个反社会型人格的罪犯。

行为遗传学的研究也表明，反社会型人格具有中等的可遗传性。而且，反社会型人格的形成，一部分取决于基因，另一部分取决于后天环境。

以变态杀人狂为例，研究人员对他们的大脑进行扫描，最后发现他们大脑中负责自控力和同理心的边缘皮质、额叶和颞叶等部位是受损的、病变的，从而造成他们自控力、同理心的下降。可以说，心理变态是有着特殊生理病因的。

进化心理学则认为，反社会型人格可能是一种特殊的进化选择。在原始时期，有些个体会基于自身能力独自面对日常生活的挑战。他们采用相对高明的掠食手段，比如欺骗、作弊、偷窃、抢劫等作为生存策略。

也有学者认为，反社会型人格者是上古社会中负责战斗的人或狩猎者的后裔。上古时代，生存环境十分恶劣，人们必须在杀人的时候没有羞愧的感觉，才能在生存竞争中幸存下来。

全能感与控制欲

对于那些精神变态的极端反社会型人格者，精神分析心理学则从“全能控制”这个角度给出了解释。

每个婴儿的“全能感”在童年过后必然逐渐消失。但人在成年之后，又或多或少会重新体验到全能感。比如，你预感某种行为会给自己带来幸运，于是采取了行动，后来被验证真的带来了好运，这就是一种常见的全能感。

然而，反社会型人格者的情绪体验远不如常人丰富、深邃，对于他们来说，只有全能控制带来的快感才堪称极乐。反社会型人格者常常游走在规则和法律的边缘，对他们来说，逃脱法律惩罚无疑是一种自以为高明的全能控制。

反社会型人格者具有战胜他人或有意操纵他人的固有观念，这种狂妄自大是他们行事的动力。这种观念的极端表现，就是任意剥夺他人的生命。

对于极端的反社会型人格者而言，他人的存在无非是自己展示实力的对象。

2017 年 6 月的一个下午，28 岁的克里斯滕森谎称自己是一名便衣警察，将 25 岁的伊利诺伊大学中国访问学者章莹颖诱拐到自己的汽车中，继而不顾其反抗强行将其带至家中杀害，并毁尸灭迹。在章莹颖失踪后，克里斯滕森还带女友一起参加了章莹颖的守夜会，并对女友说："他们是为我而来的。"

警方在审讯一些反社会型人格的犯罪嫌疑人时，经常会遇到一种令人费解的现象：他们对自己的严重罪行，比如杀人，供认不讳，却对轻微情节，比如顺手牵羊的偷窃，绝口不提。

心理学家认为，这是"恶意自大"的心理在起作用，因为那些轻微的情节会让嫌疑人觉得自己是软弱无力的。

克里斯滕森内心充满了一种"恶意自大"的情绪，自称是方圆 20 里"最危险的人"。他觉得自己是很"伟大"的，因为没有人能做到像他这么"好"。

反社会型人格者缺乏一般人所具备的道德良心自我

审查机制。很多杀人犯在犯罪的时候可能是无意进行的，犯罪之后会后悔，哪怕逃脱在外也会感到恐惧，而且对受害者的孩子、遗孀会有深深的内疚感。但精神变态的连环杀手就不会有这种心理。

事实上，克里斯滕森对自己的罪行充满了“成就感”，甚至还向女友吹嘘，在杀死章莹颖之前，他已经杀了12个人。克里斯滕森故意夸大自己杀死的人数，可能是为了让自己变得更加“臭名昭著”吧。克里斯滕森在两年后打破沉默，承认杀害了章莹颖，这样做也只是为了逃避死刑。

犯罪心理学专家认为，克里斯滕森缺乏一个连环杀手需要知道的常识。甘肃白银连环杀人案的凶徒高承勇才是真正的连环杀手。

1988年5月至2002年2月，高承勇先后在甘肃省白银市、内蒙古自治区包头市连续作案，致11名女性死亡。时间跨度之长，作案次数之多，令人胆寒。

高承勇是一个极其冷静、心理素质超乎常人的人，这从他十几年接连作案中可以看出。他作案手段残忍，但非常节制，作案后也隐藏得很好。

高承勇话不多，性格略显内向，喜怒哀乐从他的表情上根本看不出来。从面相上来看，他长相也不凶狠，但是眼神却给人一种很冷漠、很深沉的感觉，让人不知道他到底想干什么。

反社会型人格者的一个重要特征就是蔑视，甚至仇视社会规范与常识。精神变态的反社会型人格者通过藐视法律、草菅人命获得一种全能控制的快感。据高承勇供述，杀完人后，他感觉“很解恨，很痛快”。

甘肃白银连环杀人案中一个让大众颇为费解之处在于，为什么高承勇在2002年后突然“金盆洗手”了？如果不是十几年后远房亲戚因行贿被抓，警方利用DNA侦查技术比对进而找到他，谁也不会将这个性格随和的小卖部老板和连环杀手联系在一起。

“全能控制”这个概念，可以给出逻辑自洽的解释。

几乎所有人格类型的健康个体，在迈向成年的时期都会体验到一种全能感。这是因为，此阶段，衰老还遥遥无期，长大成人、大权在握的掌控感令婴儿期的全能感开始复苏。

然而，一个人在成年早期的全能感无论有多强烈，现实早晚都会到来：身体渐衰，各种疾厄降临，死亡日益逼近。这些生活的真相也可催人反思，有助于人们认识自身的局限。

所以，连环杀手在侥幸逃脱法律惩罚后，会在中年时突然变得遵纪守法，这一现象虽然令人意外，却并不罕见。“金盆洗手、归隐江湖”的根本原因在于全能感的减弱，以及相应的全能控制欲望的减弱。

这也可以解释，为什么反社会型人格者的智商高于人类智商的平均水平，且女性反社会型人格者为什么会少于男性。因为智商较低者的全能感较低，甚至早就被生活摧残得无影无踪。而女性总是比男性更早地面临自身局限，更多地从实际考虑，比如身体柔弱、生理周期、易遭侵害、家务和养育之累等。

对于精神变态的杀人狂，弗洛伊德的理论最能给出逻辑自洽的解释。因此，精神分析理论也成为希区柯克导演惊悚电影《惊魂记》、托马斯·哈里斯的小说《沉默的羔羊》之类作品的灵感之源。

无情的掠夺者与攻击者

反社会型人格者不一定就是罪犯，只是天生没有怜悯之心，是道德感淡漠的人。反社会型人格是一个偏政治化的术语，无情型人格可能是更接近本质的描述。

“烧别人的房子，煮自己的鸡蛋。”这句西谚说的就是反社会型人格者的行为特征。他们没有愧疚和后悔的情感，通俗地说，就是没良心。他们没有同情心，在损害他人利益时能做到面不改色心不跳。

尼禄是罗马帝国的皇帝，著名的暴君。尼禄的亲生父亲是罗马帝国的一个酷吏，曾杀害许多无辜的百姓。尼禄的母亲名叫阿格里庇娜，出身皇室。

阿格里庇娜是一个美丽却心狠手辣的女人，以虐杀他人为乐。在尼禄 3 岁时，他的父亲去世了。阿格里庇娜又嫁给了罗马的克劳第厄斯皇帝。她先说服克劳第厄斯废黜了自己的亲生儿子，后又立她的亲生儿子尼禄为王储。

公元 54 年，当 78 岁的老皇帝克劳第厄斯对接班人问题流露出悔意时，阿格里庇娜下毒把他毒死了。阿格里庇娜又用一大笔钱收买了宫廷卫队，然后正式宣布尼禄即位称帝。于是，17 岁的尼禄正式接管了罗马帝国的王位。尼禄一登上王位，就认为 14 岁的异母兄弟布里坦尼克斯会对自己的王位形成潜在威胁，所以在一次宫廷宴会上，他当众毒杀了自己的弟弟。

但尼禄仍然不能随心所欲地行使最高权力，因为他的母亲阿格里庇娜以监护人自居，行使摄政王的权力。这使尼禄十分窝火，他决定杀掉自己的母亲。在暗杀失败后，他捏造了一个罪名将母亲处死。

尼禄可以找任何借口杀掉任何一个罗马人。他娶了继父克劳第厄斯的女儿奥克塔维娥为妻，但婚后不久就把她杀了。尼禄后来又娶了几任妻子，但她们都不幸遇难。尼禄的老师觉得他这样有失国体，好言相劝，却被尼禄勒令自杀。

公元 64 年 7 月，罗马城发生了大火，整整烧了一个星期，火灾之后，尼禄大兴土木，为自己建造了金碧辉煌的宫殿。于是谣言四起，很多人都说尼禄是纵火者。面对这种指责，尼禄选中了基督徒来承担责任，先是指控他们纵火，后来又指控他们仇视人类。

古罗马史学家泰西塔斯曾有过这样的惊人记载：“在皇帝的私人竞技场上，一些基督徒被蒙上兽皮，让狼狗活活咬死，另一些人被紧紧地捆在十字架上，点燃后作为黑夜中的火炬。身穿驭手服装的皇帝和人群混在一起欣赏这一壮丽奇观。”

反社会型人格特质中比较突出的是，不负责任和不可靠、自我中心主义、冲动、不能拥有长久的关系、表面上很有吸引力、缺乏爱等。

由此我们可以看出，尼禄也具有反社会型人格。反社会型人格，是对社会影响最为严重的一种人格类型。反社会型人格者对他人持有的是掠夺性态度，非常冷漠，常常做出侵犯他人权利的事情。

“暴戾之气”与心理干预

韩非子说：“儒以文乱法，侠以武犯禁。”反社会型人格者藐视社会规则和权威，冲动、易怒，且行为极端，不计后果。

第6章　反社会型人格
——全能控制与恶意自大

以今天的标准来看，《水浒传》里的那些“天罡地煞”，很多都是反社会型人格者。且不说吃人肉的孙二娘这种精神变态者，就连李逵也是一个杀人杀红眼了的魔王。

《水浒传》中，李逵一出场就是个藐视法律的杀人逃犯，不把江湖规则放在眼里。江州劫法场救宋江，李逵杀人最多，“不问军官百姓，杀得尸横遍野，血流成渠”，用现在的说法叫“无差别杀戮”，以至于见惯了杀人放火的晁盖都看不下去了。

天满星美髯公朱仝在梁山好汉中排名第十二，为人重情重义。朱仝本有一份稳定的“体制内”的工作，但因为他讲义气，私放了晁盖和雷横，使得梁山的兄弟们对他感恩戴德。那么，梁山兄弟们是怎样报答他的呢？

宋江的意思是要拉朱仝入伙，大家一起做点事。可是，朱仝对现在的工作很满意，而且朱仝也很受知府大人的重视，不愿意落草为寇。

某天月圆之夜，正是放河灯时。府中的丫鬟对朱仝说，小衙内要去看河灯，夫人希望朱仝能陪着一起去。

于是朱仝就带着小衙内赏灯去了。李逵为了把朱仝逼上梁山，就用调虎离山之计，支开了朱仝，把 4 岁的小衙内砍死了，并嫁祸朱仝。

要知道，知府大人对朱仝有知遇之恩，朱仝的心情真是无法形容。尽管朱仝最后上了梁山，但仍与李逵有不共戴天之仇。

除此之外，三打祝家庄时，在已经取得压倒性胜利时，李逵仍然挥舞着板斧把扈三娘一家人全砍死了，只有扈三娘和她的哥哥扈成算是苟且活了下来。

“戾气”一词很能反映一些反社会型人格者的心理状态，也就是内心有暴戾之气。在社会转型期，有些人会将内心的戾气以极端形式宣泄出来，比如，有些人遭遇挫败或不顺后，并不是就事论事解决问题，而是对整个社会进行报复，实行“无差别杀戮”，如纵火、砍杀幼儿园的孩子。

事实上，克里斯滕森在绑架章莹颖的 3 个月前曾向伊利诺伊大学的社工求助，说自己存在自杀和谋杀他人的想法。然而，接待咨询的社工并未重视。案发后，这件事引起了很大的争议。社工则以履行“保密义务”为理由进行自我辩护。

研究显示，除了极端的反社会型人格者难以治疗以外，大多数反社会倾向的个体在进行积极的心理干预后，心理问题都能得到有效治疗。

中国人民公安大学的李玫瑾教授讲述了一件她身边发生过的事情，事情发生在 20 世纪 80 年代，一所监狱的一个民警为了能更好地看管这些犯罪者，就潜心研究犯罪心理学，结果发现他的儿子就是反社会型人格者。于是，这位民警把工作辞掉，天天陪着儿子。青春期的孩子本身就很容易出问题，但这位父亲就一直陪着孩子，直到那个孩子成家。在这期间，孩子没有出现大的问题，可以说，这位父亲用陪伴的方法帮孩子度过了危险期。

李玫瑾教授认为，这位父亲的做法是非常正确的，一旦发现孩子有反社会型人格特质，父母就一定要拿出时间来陪伴、引导孩子，帮助孩子度过这段危险期。

智商较高，迷惑性极强

李玫瑾教授认为，反社会型人格者不一定都犯罪，有一种反社会型人格者还有一个显著的特点，就是智商比较高。

克里斯滕森是一名博士生，因家庭变故影响了学业，最终未能获得学位。高承勇曾是中招考试全校第三名的学生。高中期间，高承勇参加过空军飞行员的招飞，虽然他最后没被选上，但毕竟通过了初选。这说明，反社会型人格者自身的智力条件还算可以。

但这种反社会型人格者往往因智商较高，又自命不凡。他们对任何人都没兴趣，对异性没兴趣，对家庭没兴趣，对孩子没兴趣，对照顾老人也没兴趣。这是反社会型人格者的基本表现。

阿尔·卡彭于 1899 年出生于纽约的布鲁克林，是家里最小的孩子，排行第九。作为一个在美国出生、成长的意大利裔美国人，卡彭在 14 岁那年就开始为当地绰号为“老狐狸”的强尼·托里奥跑腿。

强尼·托里奥是一名退休军官，后来在芝加哥创立了一个名叫“奥特菲”的黑帮组织，成为卡彭的精神导师。

1917年的一次酒馆斗殴中，卡彭脸部被砍了三刀，脸部疤痕使其获得“疤脸”的绰号。这次受伤后不久，卡彭认识了梅·库格林，数月后两人结婚了。1919年，卡彭意识到他微薄的工资不足以养活妻儿，便决定帮人讨债。在要债时，卡彭用随身携带的手枪将债务人打死，这是卡彭第一次杀人。

1919年冬天，卡彭去芝加哥投靠导师托里奥。托里奥在离开纽约来到芝加哥后地位蹿升。在芝加哥，卡彭开始协助托里奥管理账目，卡彭为托里奥工作赚的钱是他在建筑公司时的20倍。

通过暗杀夺权，托里奥和卡彭成为意大利黑帮的实际掌权人，两个人将操纵的技术发挥到了极致，只要是对他们有用的当地官员，几乎都被他们收买。在这之后，卡彭犯下的恶性案件越来越多，其行为令人发指。

卡彭最迷惑人之处在于，他善于做媒体公关，甚至把自己包装成一个热衷慈善的商人。

研究发现，对于更高级的情感，反社会型人格者根本体会不到，比如，他们能够知道歌词的意思，却感受不到音乐的美妙。但是，他们通过观察、模仿，也可以成为浪漫、风趣、仁慈的人。

很多连环杀手甚至在法庭上仍具有迷惑性，看上去温柔体贴，有幽默感。他们很擅长跟人打交道，会吸引他人开始一段自己一个人绝不会尝试的冒险旅程。

反社会型人格者的智商大多高于平均值，他们作案手段残忍，心理素质高于常人。高承勇和卡彭都善于伪装，在长达十几年的时间里，他们不断作案，直到最终被逮捕。

情感压榨者

孟子说："恻隐之心，人皆有之；羞恶之心，人皆有之；恭敬之心，人皆有之；是非之心，人皆有之。"这句话其实很主观。现实生活中，"死道友不死贫道"的人太多了。

反社会型人格者的最大特征，就是对他人的冷酷压榨。反社会型人格者最常用的社交策略，是利用他人的友善进行欺骗。他们通常先假装友善、慷慨、合作，然后进行欺骗。这种人不仅存在于职场中，生活中也不少见。

反社会型人格者对待爱情，宛如解决一道数学题，会为了得到某个人而结婚，却很少会因为爱情而结婚。

X 女士 30 岁出头，是一位高学历的单身女青年，从事研究工作，事业有成。Y 先生在参观了她的小别墅后，立刻对她展开恋爱攻势，穷追猛打，最后俘获了芳心。

两个人结婚不久，X 女士就怀孕了。在 X 女士安胎期间，Y 先生辞职了，对外宣称自己抑郁了，不适合再工作。大家都很同情 Y 先生——第一次当爸爸，压力一定很大。

X 女士却觉得哪里不对劲，自己的丈夫非常享受在后院游泳池边晒太阳的生活，优哉游哉，每天无所事事，却毫无愧疚之心。

反社会型人格者无法真心地去爱自己的配偶、孩子、宠物。Y 先生就是这样，从不关心妻子，而且儿子出生后，几乎都没有正眼看过儿子，更别提帮忙带孩子。

虽然生活在一个屋檐下，但夫妻俩就像生活在不同时空里一样，几乎没有交集。最后，X 女士的家人得出结论：这个男人就是冲着财产而结婚的。

当两人离婚后，X 女士要赶 Y 先生出门，这时 Y 先生流下了“鳄鱼的眼泪”，可怜巴巴地对着儿子说：“非要这样吗？”就这样，Y 先生留了下来，继续毫无愧疚地吃软饭。对反社会型人格者而言，爱人与朋友就是工具，就是压榨的对象。

善妒的剥夺者

金庸小说《天龙八部》是一部带有写意性质、充满想象力的作品。然而，书中的故事却有坚实的现实基础。

《天龙八部》中的康敏是一位极端的表演型人格者，同时还兼有反社会型人格暗黑的一面。《天龙八部》中，康敏向情郎段正淳说出了有关自己童年的一个故事：

7 岁那年的腊月，爹爹答应康敏要把家里养的 3 只羊、14 只鸡拿到集市上去卖了过年，然后剪块花布给她缝件新衣。于是她开始天天盼，夜夜盼。

可谁知，在去集市的前夜，村里来了狼，把羊和鸡都叼走了。冰天雪地里，爹爹跑出去追，非但没追回羊和鸡，还摔伤了腿。7 岁的康敏坐在雪地里放声大哭，她天天好好放羊，就是想穿新衣，到头来却是一场空。

半个月后，过年了，隔壁家江姐姐穿了一身漂亮的衣裳。康敏看在眼里，羡慕不已，想起自己破灭的新衣美梦，委屈得直哭。到了晚上，她睡不着，就悄悄起来去了隔壁江姐姐家里。

江姐姐在炕上睡着了，新衣裳正盖在身上，煞是好看。康敏心里一番酸涩后，竟拿起桌上针线篮里的剪刀，将那件新衣裳剪得粉碎。

康敏说："我剪烂了江姐姐的新衣裳后，心中说不出的欢喜，比我自己有新衣裳穿还要痛快。"

后来，康敏对段正淳说："你可知道我为什么要跟你说这故事？我要让你明白我的脾气从小就是这样，要是有一件东西我日思夜想却得不到手，偏偏旁人运气好得到了，那我说什么也得毁了这件物什。"

反社会型人格者有时会以自我为中心，强求别人满足自己的需求，一旦不如自己意就会表现出强烈的不满或者给别人难堪。

就像康敏，小时候碎人花衣，长大害人性命，得不到就毁掉。如此畸形人格，现实中也是真实存在的。

一个人不可能夺取另一个人最宝贵的“东西”，比如声望、容貌、智商、成功等，而这些都会令一些嫉妒型反社会人格者感觉自己被抢了风头，甚至会因为嫉妒而毁坏或玷污别人的声誉。

最好能因势利导

有些反社会型人格者在青少年时期就会出现各种行为问题，比如虐待动物、破坏公物等。这些行为问题如果被学校的老师最先发现，并逐渐引起监护人的注意，及早给予干预，就会得到有效改善。

不少有反社会型人格特质的罪犯在性格形成期都曾有严重的情感剥夺的经历。有数据资料显示，虐待会增强人们的反社会行为。

反社会型人格者的很多行为特质，是与社会规范相悖的。但我们绝对不能像电影《发条橙》一样，对一个反社会型人格者进行强制洗脑，最好的办法是因势利导。

从进化心理学的角度讲，每一种人格特质都有一种适应策略，若能因势利导，在不伤害他人的情况下发挥出正面的特质，便能在社会中创造一定的价值。

在某些特定的时代，反社会型人格者也会有“用武之地”，比如，历史上的战争、起义、探索新大陆等时期，钟爱冒险、容易冲动和鲜有负罪感的“战士基因”就有了发挥的舞台。

但在当今文明社会中，如果不能合理引导，反社会型人格者就无法更好地适应社会。那么，一个成年人该如何克服反社会型人格特质呢？如果一个人天性好斗，我们不妨顺应天性，找个适合他释放自己力量的合法职业，比如拳击。

脑神经科学的研究证实，反社会型人格者不会因危险而担忧，他们会本能地追逐风险所带来的兴奋。对于这样的人来说，他们可以在遵守社会规则的前提下追求冒险与刺激，使这种行为成为一种正当职业。

比如，跳伞、格斗、赛车等活动就能满足他们的冒险心理。如果反社会型人格者能从事这类工作，那再好不过了。

迈克·泰森，1966年出生在纽约混乱贫困的布鲁克林区，很小的时候父母就离婚了。他在贫穷和暴力环境中长大，当别的小孩欺负他时，他总是逃避，喜欢躲在墙角。随着年龄的不断增长，泰森开始尝试反击。但他也逐渐学会了打架斗殴和偷抢扒拿。

14岁时，泰森认识了一生中最值得他信任的人——拳击教练库斯·达马托。达马托收留了泰森，并预言他将是下一个世界拳王。从小缺少教育的泰森在达马托的指导下，开始把打拳当作职业，并逐渐远离犯罪。正规的拳击训练让泰森学会了自律。

20岁的时候，泰森仅仅用了6分钟就击败了前世界拳击理事会的拳王伯比克，成为最年轻的重量级冠军。之后的比赛更是精彩，和他交手的人很少能打满两个回合。

泰森的拳风干净利落，比赛没有搂抱和算计，只有

“出拳击倒对手，或者被对手击倒”。很多拳击迷都说，泰森是最接近拳击本质的拳手或泰森之后无拳击。

某些反社会型人格者带有“战士基因”，有主动追求危险的倾向，自我满足于“搏命”的欲望。如果能将职业选择和这种内在冲动相结合，比如，从事高空作业、海外救援等，就能使他们的冲动得以升华。

反社会型人格特点

- 寻求支配，剥削、控制他人。
- 回避亲密，掩盖脆弱，以免自己的弱点被他人利用。
- 反复说谎，为自己的利益或者快乐而欺骗他人。
- 通过违反法律及社会规范的行为来寻求刺激。
- 对于自己的不当行为，常常寻找正当化的借口。
- 有时会对别人的恭维怀有敌意。
- 易怒、有侵犯性，表现为反复出现的斗殴或暴力行为。

- 冷酷无情，漠视他人的安全，缺乏共情能力。
- 一贯的不负责任，表现为反复地出现不能坚持工作、欠债不还等行为。
- 没有愧疚感，表现为伤害、虐待他人或偷盗他人物品之后，仍心安理得或无所谓。

第7章

回避型人格

——与其被拒，不如逃避

一个人对外部的兴趣，是需要培养和练习的。如果得不到培养，则很难展现出来。

——阿尔弗雷德·阿德勒

与人交谈一次，往往比多年闭门劳作更能启发心智。思想必定是在与人交往中产生，而在孤独中进行加工和表达。

——列夫·托尔斯泰

回避（avoidant）还可解释为逃避、畏避。回避是一种中性的说法。

几乎每个人都有过回避的经历，尤其是当我们遇到艰难的人生处境时，为了缓解焦虑会选择回避。可以说，回避是一种防御机制，根本原因在于因恐惧失败而逃避尝试。

回避型人格者在情感、行为、认知上均存在普遍性的回避倾向。很多有回避型人格特质的人都有孤独症或陌生环境恐惧症，害怕遭到拒绝、不被赞同或受到羞辱，这也导致他们个人的目标或愿望因回避而受挫。

回避型人格者执着于自我关注，把挫败看得过于严重。他们还有一种完美主义倾向，常常被“不要轻易尝试”的世界观主导了。这种回避，主要体现在亲密关系回避、社交回避和任务回避。正是因为具有这种与世界割裂的倾向，有些心理学家主张将回避型人格划归“分裂”这个谱系。

用一个关键字概括回避型人格，就是“避”。代表人物有电影《志明与春娇》中的张志明。

亲密关系回避

电影《志明与春娇》向我们展示了回避型人格者是怎样处理亲密关系的。

“志明与春娇”来自台湾的俗语，象征着爱情中的善男信女。在台湾，他们就像大陆的梁山伯与祝英台一样广为人知。

“志明与春娇”的说法流行开了后，就经常被人拿来形容男女感情好。

电影中的志明，在与春娇建立恋爱关系的每个关键时刻，都会逃避、退缩。志明就具有回避型人格特质。回避型人格者还会通过各种方法回避家庭生活，热衷于加班、出差。即使在家的时候，他们也会以看手机、看书的方式回避与家人沟通。另有报告称，性生活不足的夫妻中，有不少是回避型人格者。

回避型人格者有一个核心信念，认为自己是不可爱的。所以，即使在配偶或亲人面前，他们也很难敞开心扉，除非他们反复确认别人不会对他们产生嫌弃。

即使这样，他们还是会搜集自己不被接纳的证据，所以他们的自尊感较低，常常感到抑郁。他们甚至会下意识地逃避亲密的人际关系。

他们对亲密关系是渴望的，认为如果能隐藏真实的自己，就能获取别人一段时间的接纳和关爱。回避型人格者的内心信念导致他们无法建立正确的恋爱观。在恋爱关系中，回避型人格者会选择“提前离场”。

他们会负面地预测未来发生的事情，比如，“我不值得她对我这样好，她现在没离开我，是因为她还没有真正了解我。我最好在这一切没发生之前，就结束这段关系。”

有时候，回避型人格者会以“情场浪子”或者“撩完了就跑的渣女”的面目出现，费尽心机得到异性的爱，一旦得到后，就想方设法摆脱这种关系。

这种对感情的矛盾态度，来自对亲密关系的需求和对被遗弃的恐惧。

放手去做，才能改变现状

回避型人格者渴望拥有完美的两性关系、极好的工作，却不愿采取任何行动。

他们总会有找不完的借口逃避学习和工作。可能只是很简单的日常工作，他们也会在心里默念一些采取行动的前置条件，比如，如果有一台新电脑，我就会去写这篇稿子。这其实也是一种回避的借口。

回避型人格者喜欢在行为上回避引发不适感的任务。他们会觉得，“我如果做了会感觉更糟糕”，或者干脆选择“我等会儿再做”。但过一会儿后，他们还会以同样的借口来逃避任务。

在认知方面，他们会回避那些可能引发不适感的事情。

回避型人格者会把失败看得很严重。他们的回避行为常常是出于对自己的保护，所以常常会因恐惧失败而逃避尝试。

回避型人格者被“不要轻易尝试”的世界观主导了。他们的内心存在一种信念：因弃权而输掉总比努力却又注定失败强。

追求完美的心态是造成他们回避任务的一个因素。要知道，完美只是一种理想目标而已，世界上不存在完美之物，即使是相对的完美，也大多是从残缺过渡而来的。

信息技术领域的迭代思维，也可以指导我们的行动。先放手去做，在不完美中改进才是工作的常态。此外，一个宽容、鼓励员工放手去做的领导，有利于员工克服自己工作回避的问题。

回避与超越

一些学者认为，生物学方面的异常、易患病的基因、习得性恐惧、令人不安的思维方式等，都是形成回避型人格的因素。

心理学家戴维·H. 巴洛在一项研究中发现，回避型人格者比其他人更容易回忆起童年时使自己感到挫败的家庭氛围，以及认为父母不会爱自己或为自己感到骄傲。

许多研究表明，回避型人格者往往有一个强迫型人格倾向的监护人。他们内心所具有的羞耻感，是由于童年时期与批评型、拒绝型的监护人互动的结果。简单来说，回避型人格者的回避型人格特质是由于童年时期受父母伤害而形成的。

童年时期，回避型人格者经常遭受父母的嘲笑，他们将这种屈辱的经历内化，形成消极的自我认知，认为自己是不值得被爱的，也不相信会真正得到他人的爱。

当然，对于戴维 · H. 巴洛的研究结论，我们也要持客观态度。因为这是一个回溯性的研究，是依靠被调查者的回忆报告所得出的结果。

但这个研究结果大致是符合我们的日常观察的。尤其在经济高速增长期，“只要努力，就会有回报”的价值观容易成为主流，出生在这种时代背景下的孩子，往往会被家长用这种价值观去养育。

因此，越是相信奋斗就能改变命运的父母，就越会对孩子高标准、严要求。但如果教育方式不当，孩子的主观能动性就容易受挫。

过于强势的父母，也可能会养育出回避型人格的孩子。如果父母眼中只有高远的目标，完全不顾孩子的承受能力，孩子的自信心就会受挫。当孩子自知抗争只是徒劳的时候，他们索性就不再表达自己的想法。

强势的父母不会征求孩子的意见，只知道要求孩子完成自己制订的目标。在这样的家庭氛围中长大的孩子，充满疲惫感，更容易形成回避型人格。

回避型人格者最大的特点是行为退缩，面对挑战多采取回避态度。这其实就是一种自卑心理，与成长过程中收到的消极评价有一定关系。

心理学家阿尔弗雷德·阿德勒自幼体弱多病，长大后身材矮小。他是家中的第二个孩子，为了纠正他的佝偻病，父母经常把幼小的阿德勒绑在椅子上。

阿德勒最初是弗洛伊德的支持者，在与弗洛伊德分道扬镳后，创立了个体心理学。即便他取得了辉煌的学术成就，却依然认为哥哥比自己更优秀。他结合自身心路历程，写了《自卑与超越》。

阿德勒指出，怀有自卑感并不代表心理不健全，事实上，我们每个人都有不同程度的自卑感，关键在于怎样理解自己的自卑，并超越自卑。

放下对“自我”的执着

回避型人格者渴望友谊，希望同他人建立亲密的关系，但又比较自卑。回避型人格者内心存在一种普遍的假设：向别人暴露真实的自己，或直截了当地表达自己，会遭到拒绝。

他们无法忍受不愉快的情绪或想法，常常自我否定、贬低。他们存在一种负面思维，对批评过分敏感，会将中性甚至正面的评价解读为负面的。

他们缺乏正面评价自己的内在标准，所依赖的是对外界评判的感知。因此，对他们来说，社交带来的风险是巨大的，他们害怕别人评价自己没有魅力、有缺陷、社交技巧笨拙等。

他们还存在一种信念：他们喜欢我，是因为他们不了解我。他们内心存在一种害怕被人深入了解的恐惧。

但回避型人格者不同于社交恐惧症者，他们的内心是渴望友谊和交流的，但他们更害怕被人拒绝，所以才采取回避的态度。

在条件合适的情况下，回避型人格者会慢慢敞开心扉。而社交恐惧症者害怕在任何地方、任何情境下成为别人注意的中心。社交恐惧症者会觉得周围的每个人都可能审视和评判自己，从而感到巨大的压力。

回避型人格者是矛盾的，他们渴望得到爱与接纳，但总是达不到自己的预期。他们选择回避社交关系，他们鲜有朋友，几乎不与任何人保持亲密交往。一旦被否定，他们就会变得畏缩，因为畏缩，进而更加被否定，那么，如何打破恶性循环的魔咒呢？

回避模式的形成来源于长期的被强迫、被否定、被拒绝。因生长环境中阻碍重重，于是自我意志的延伸在夹缝中逐渐被扭曲，甚至病态。对内表现为自我冲突，对外表现为回避。

要走出这个模式，就需要一个被接纳的安全环境，这个环境可能会从际遇中获得，也可以自己营造。自己给自己制造一个宽容的环境，从小事慢慢积累，从中获得自我肯定。自我被充分肯定、允许、接纳后，来自外界评判的影响即可淡化，从而达到自我意志与外界交往正常流通的良性循环。

古老的东方哲学有所谓“我执”的说法，并认为这是一切痛苦的根源。对社交回避者来说，弱化对内心“自我”的执着，强化对外界他人的关注，是一个可以尝试的调节方法。

心理学家阿德勒的朴素忠告，至今仍未过时。他说：“其实，自我意义就是没有任何意义。真正的意义是从与人交往中体现出来的，一个人的意义是没有任何用处的。每个人都在力争与众不同，但如果不明白自己的成功和卓越是建立在为他人做贡献的基础之上，那么错误就难以避免。人生的理想和行为与此同理，其唯一的意义就在于对他人是否存在意义。”

回避型人格特点

- 渴望友谊，但又自卑、敏感，于是主动回避社交场合。
- 有在社交场合被批评或拒绝的先入为主的观念。
- 认为自己在社交方面笨拙，缺乏个人吸引力，低人一等。

◁ 逃避人多的场合，不愿意从事与人接触较多的职业。

◁ 除非确信受欢迎，否则不愿卷入他人的事务之中。

◁“玻璃心”，常常因他人轻微的批评或不赞同而受到伤害。

◁ 亲密关系中常常表现得很拘谨，因为害羞或怕被嘲弄。

◁ 哪怕简单的任务也倾向于回避，总能找到逃避的借口。

◁ 总是夸大自己无法控制的事情的危险性和潜在危险性。

◁ 存在一种“丧”的观念：我无法通过自己的努力改善处境。

◁ 极低的自尊心和自信心，讨厌自己，觉得自己比别人差。

◁ 害怕陷入困窘，不愿意冒风险参加任何新的活动。

第8章

分裂样人格

——人类世界的旁观者

天才经常孤立地降生，有着孤独的命运。天才是不可能遗传的，天才经常有着自我摒弃的倾向。

——赫尔曼·黑塞

嗜好和一时的爱好不是基本的快乐之源，而是逃避现实的一种手段，是把不堪正视的痛苦暂时忘记的一条途径。

——伯特兰·罗素

分裂（schizoid）这一术语，源于希腊语 schizein，也就是分割的意思。

分裂样人格，又称类分裂人格或孤僻型人格，是一种在人际交往时情感表达范围狭窄的普遍模式。其特征是，缺乏对亲密关系的渴望，偏好机械或抽象的任务，对社交缺乏兴趣，倾向于独立生活、沉默寡言、感情淡漠。

分裂这个术语，含义极广。从孤僻的分裂样人格、“半疯儿”的分裂型人格，到精神极度紊乱需要住院的精神分裂症，甚至连回避型人格，都可局部划归“分裂”这个谱系。

用一个关键字概括分裂样人格，就是“孤”。代表人物有阿尔伯特·爱因斯坦、弗兰兹·卡夫卡等。

出众的创造力

分裂样人格者最令人惊叹的适应性（能力），当属出众的创造力，但同时，他们也因过于孤僻显得与世界格格不入。

据华为创始人任正非透露，华为公司有一位俄罗斯裔的青年科学家，这个小伙子“不会谈恋爱，只会做数学，到我们公司来十几年天天在玩电脑，不知道在干什么，管研究的人去看他，打一个招呼就完了”。

这位青年科学家来公司十几年，别人也不知道他天天抱着电脑在干什么。有一天，他突然告诉任正非，他已经实现了无线通信从 2G 到 3G 的理论突破。华为公司立刻进行实验，证明这是真的。从此，华为公司在无线通信领域上领先了爱立信，然后大规模占领了欧洲市场。

华为公司后来在 4G、5G 技术方面的领先，都与这位青年科学家的理论探索有关。这位年轻的科学家非常不善于和人打交道，当任正非给他发院士牌时，他也就“嗯、嗯”两声就完了。

这位青年科学家，可能就是分裂样人格者。

阿尔伯特·爱因斯坦也被认为是一名分裂样人格者，他曾这样描述自己：

我一方面追求社会正义和社会责任，另一方面又明显缺乏接触他人和与人交流的热情，这两者之间总是形成古怪的对照。我确实是一个“独行侠”，从未将自己的心归属于我的国家、家庭、朋友，甚至我最亲密的家人。面对他们，我会一直保持距离，也一直需要独处……

从古至今，有很多人需要与孤独打交道，如僧侣、哲学家、程序员、设计师、作家、学者等。为从事创造性的工作，人们需要孤独。对于科学、哲学、心理学、艺术等需要苦心孤诣、深入探究的领域来说，不经过“孤绝”的体验，很难达到意识中的新境界。

然而，一个人过分孤僻，就会缺乏温情，难以与别人建立深切的情感联系。因此，他们的人际关系一般很差。

与孤独症的异同

索伦·克尔凯郭尔，丹麦宗教哲学心理学家、诗人，现代存在主义哲学的创始人，后现代主义的先驱，也是现代人本心理学的先驱。

一些心理学家认为，索伦是一位典型的分裂样人格者。

索伦的父亲，出身贫寒，经营羊毛致富，娶了一位富家女为妻。在发妻尸骨未寒时，索伦的父亲与家中女佣通奸，生下了索伦，索伦排行第七，是家中的老幺。

索伦的父亲为自己早年诅咒过上帝，以及有过通奸行为而自认有罪，并预感自己的孩子都活不过 34 岁。后来，因为第二任妻子和 5 个子女先后离他而去，他深信这是上帝特意使他承受无穷的痛苦和孤独的。他的这种阴暗低沉的心态对索伦产生了深远的影响。

索伦因自己身世异于常人，又有驼背跛足的先天缺陷，所以自认是个孤独的“例外”。索伦很聪明，但生性孤僻内向。

索伦认为自己的身上背负着两条罪过：父亲的淫乱

和母亲的未婚先孕。这两条罪过都是基督教不可原谅的罪孽。索伦认为自己死了之后会下地狱，因此他总是以悲观的态度对待生活。

分裂样人格者在迫不得已时也会“伪装”，在社交中扮演一个“热闹”的角色，但那并不是他们本真的面目。他们可以伪装得喜欢交际，却不能与他人建立真正的情感联系。

索伦曾放浪形骸，以掩盖自己的孤僻。他和丹麦著名童话作家安徒生年龄相仿，两个人一度成为酒友。如果你希望与分裂样人格者建立真正亲密的友谊，那恐怕会让你感到失望了。

后来，索伦继承了父亲的巨额遗产，终身隐居哥本哈根。

分裂样人格者离群索居，古怪而疏离，具有孤独症（自闭症）的行为特征。然而，不同之处在于，后者无法体会他人的思维、感受和动机。分裂样人格者尽管也有疏离感，但他们非常聪明，能够揣摩出他人的主观体验。

从这个方面来说，分裂样人格者的人格特质与阿斯伯格综合征又有些相似之处。阿斯伯格综合征属于一种高功能的自闭症。

阿斯伯格综合征的常见表现：语言呆板单调，无法分辨真实世界与虚幻的世界，无法主动与别人分享喜悦、兴趣与成就，动作笨拙、不协调，姿势奇怪，对突如其来的转变感到不安，甚至出现不稳定的情绪。

阿斯伯格综合征的最大特征就在于，理解他人情绪比较困难，导致社交沟通如“鸡同鸭讲”。比如，患有阿斯伯格综合征的小孩没有写家庭作业，老师批评他说：“你把我说的话就着饭一起吃了吗？”小孩会想：“我没有吃你说的话呀，我吃的是饭。”

但阿斯伯格综合征患者智力没问题，随着年龄越来越大，他们也能逐渐揣摩出别人话语中的含义。

阿斯伯格综合征被认为是没有智力障碍的自闭症。阿斯伯格综合征患者的智力正常，甚至智力超常，具有很强的机械记忆能力，在教育得法的情况下，他们甚至会成为某个领域的优秀人才。

很多死去的名人，比如牛顿，也被怀疑患有阿斯伯格综合征。台湾某著名漫画家，擅长画讽刺与幽默的四格漫画，却说自己其实也患有阿斯伯格综合征。

在自己的精神世界驰骋

叔本华是19世纪德国著名的哲学家，作为唯意志论的开山鼻祖，叔本华以他独特的思想打破了黑格尔哲学的垄断，对后世产生了深远的影响。

1788年，叔本华出生于波兰的格但斯克（当地属德国，称为但泽）。叔本华的母亲名叫约翰娜，是当时颇有名气的美女作家。约翰娜擅长社交，与歌德等文豪都有交往。

叔本华的父亲比他母亲年长20岁，是个非常成功的商人，但后来自杀了。叔本华继承了父亲的财产，一生过着优渥的生活。

叔本华一直认为，父亲的死与他母亲过于热衷社交生活有关，所以，叔本华和母亲的隔阂非常深。两人互相看不惯，最后关系破裂。

事实上，约翰娜一直很关心这个儿子，希望他能从父亲自杀的阴影中走出来，但叔本华对母亲总是很尖刻，毫不念及母子之情。

叔本华曾在与友人的谈话中把母亲和妹妹称为笨蛋，并在她们的生活每况愈下时避而远之。当母亲和妹妹离世时，他还长舒一口气，觉得不会再有人来打扰他的生活了。

行文至此，我们可以想一想，叔本华自身人格的形成与其家庭背景的关系。一些心理学家认为，分裂样人格的形成与后天的养育环境有关。忽视孩子需求的父母，可能会养育出自我满足、回避他人的孩子。

那些早年遭受过分离和忽视的个体，出于无奈，会避免与人亲近，并根据自己的内心想象去应对外部刺激。

叔本华出生时，母亲还是一名热衷于社交的年轻女子。我们可以由此猜测叔本华与母亲形同陌路的原因：由于外部世界（父母）的忽视，孩子只能建立一个属于自己的精神世界。

叔本华把没有朋友当作优点，因为他认为没有人值得他与之建立友谊。他说："热衷于与人交往其实是一种相当危险的倾向，因为我们与之打交道的大部分人道德欠缺、智力呆滞或反常。”

即使是患难之交，在叔本华看来也不过是互相利用罢了。就算有朋友离世，他也表现得无动于衷。这可能源于叔本华的哲学思想，他认为为死亡而感到悲伤只是一种生物本能，是愚蠢的。

叔本华认为，人应该具有独立的人格，不应该从他人那里，或是从自身之外期望太多。在他看来，拥有丰富的内在，即丰富的精神世界，才是人生幸福的关键，才能避免痛苦和无聊。

据说，叔本华下馆子时有一个怪癖，总是会把一枚金币放在桌上。要知道，欧洲是有小费文化的，于是，这总是让侍者浮想联翩——这枚金币是要给我的吗？但令人失望的是，叔本华吃完饭后，总是会把金币又放回自己的口袋。

世人对叔本华的指责，主要来自他的生活行为方面。他被斥为“哲学家中的市侩，市侩中的哲学家”。

叔本华终身未娶，有一个私生子，但他拒绝承认，不愿担负责任。叔本华死后，将所有财产都捐献给了公益慈善事业。 叔本华把当时的哲学论争比作匹夫斗勇，避之唯恐不及。叔本华孤独地隐居在法兰克福，直到他生命的终结。

分裂样人格者似乎不屑于享受人间烟火的乐趣，如夫妻间的交融、儿孙绕膝的天伦之乐等，同时也缺乏表达人类细腻情感的能力。

一般说来，分裂样人格者对别人的意见也漠不关心，无论是赞扬还是批评，均无动于衷，过着一种孤独寂寞的生活。但他们可能有一些隐蔽的自恋，不需要向外界寻求验证，因此也不需要夸夸其谈。

他们非常自负，自我评价非常高，相信自己与众不同。他们会沉浸于个人的专业、技能、爱好之中，忽视他人的存在。

纠结的依恋关系

分裂样人格者的内心世界，充斥着纠结的依恋关系。他们渴求亲密，但又害怕被吞没；想保持距离，又难耐孤单寂寞。

1. 关系总在关键节点降温

1837 年，索伦 · 克尔凯郭尔 24 岁，在新闻界已经稍有名气，这时他认识了 15 岁的蕾吉娜 · 奥尔森，两个人从相识、相知到相恋，再到论及婚嫁。

1840 年，两个人订婚，双方家庭开始筹备婚礼。订婚以后，索伦觉得自己应该把内心的感受和想法告诉未婚妻，毕竟两个人以后就是一家人了，是要一起分担痛苦、享受快乐的。

但当索伦将内心积郁的不愉快告诉未婚妻时，未婚妻因为年龄太小，不理解他而对他所说的一切一笑置之。后来，索伦也知道不应该将自己的不愉快强加给别人，于是果断与未婚妻解除了婚约。

索伦悔婚的原因并不是不喜欢蕾吉娜了，事实正相反。解除婚约后，索伦终身未娶，他一直深爱着蕾吉娜。

当知道蕾吉娜与别人订立婚约时，索伦感到更加痛苦。在他的日记和著作中，直到他去世，他和蕾吉娜的关系都是他自我折磨式思虑的主题之一。

索伦曾在日记里这样写道：“年轻的女孩，我的真爱，你的名字会和我一起进入历史，苦痛和相思病将我消耗殆尽。唉，这是不寻常的宗教冲突，我将重归自我。”

直至生命终点，索伦仍对蕾吉娜念念不忘，并立遗嘱将财产和原始手稿全部留给蕾吉娜，后来蕾吉娜把大部分手稿转交给丹麦皇家图书馆。

分裂样人格者常会在婚恋的某个阶段突然提出分手，这一点和回避型人格者很像，但动机却完全不同。

分裂样人格者与他人的亲密度上升到一定高度时，就意味着他们精神世界的秩序要被打乱。所以，他们恋爱的热情往往会在某个关键节点“掉链子”，使得关系急转直下。如果恋人能淡然处之，倒也罢了；如果抓得太紧，分裂样人格者就会感到很大的压力，甚至产生逃跑的念头。

2. 恋爱中的疏离感

村上春树的小说《挪威的森林》中的两位主人公渡边与直子就有不同程度的分裂样人格特质，以至于两人总是无法相互理解。他们之间始终有一种疏离感。

《挪威的森林》中，高中生渡边有一个好友叫木月，但后来木月自杀了。带着对好友木月自杀身亡的心理阴影，渡边高中毕业后进了远在东京的大学。

一年后的一天，渡边偶然与直子在东京重逢。直子以前是木月的女朋友，只有木月一个好友的渡边和直子也相熟。此时的直子已变得很漂亮，只是眸子里带着一丝忧郁。同病相怜的渡边和直子越走越近，并开始交往。

尽管身边有渡边陪着，直子却一直深爱着木月。

在渡边为直子庆祝20岁生日时，直子说："如果人能一直在18～19岁之间徘徊就好了。"

生日当天，两个人确定了恋爱关系。生日后的第二天，直子不告而别。

然而，渡边和直子两个人的"情感表达范围狭窄"。两个孤独的年轻人，因同病相怜走到了一起，却也因内心存在着相同的孤独感而无法真正走进彼此的世界里。两个人之间始终存在一种疏离感。

几个月后，直子写信告诉渡边，自己住进了一家深山里的"阿美寮"精神疗养院。渡边前去探望时，发现直子越发有一种成熟女性的美感。

分裂样人格者不喜欢奢华，却往往有着不俗的品位。小说中，渡边还在疗养院遇见和直子同一宿舍的石田玲子。玲子正在用吉他弹奏甲壳虫乐队的《挪威的森林》，这是直子最爱的歌。

在离开疗养院之前，直子明确地劝渡边："不想耽误你的人生，只要你永远记得我，我希望的只是这个。"渡边表示会等待直子，等着她康复，等着她的爱，即便是永远。

在大学附近的一家小餐厅，渡边邂逅了开朗少女绿子。绿子同内向的直子截然相反，十分活泼、热情。绿子对渡边很有吸引力，两人开始频繁接触。

尽管绿子爱着渡边，并且主动进攻，可是渡边的内心好像有一个无形的防卫壳，使得他没办法好好谈恋爱。

不久，渡边得知直子自杀的噩耗，然后他开始失魂落魄地四处徒步旅行。最后，在直子病友石田玲子的鼓励下，他开始探索余生。

小说中，渡边与直子的爱情是模糊不清的、无法确定的。他们两个人游离在爱与不爱的边缘，始终无法真正爱彼此。这或许就是分裂样人格者的爱情世界吧。

“我希望你永远记得我，永远记得我这个人，我曾经这样在你身边……”“你一定要活得幸福，把我的那份也活出来……”直子对渡边说的这些话，有很大的精神恋爱的成分在里面。

分裂样人格者总是给人一种若即若离、忽近忽远的疏离感。

渡边和直子在一起时，他反而没有谈恋爱的感觉。直到直子香消玉殒，两个人阴阳永隔后，渡边才对直子有了更亲密的感觉。

分裂样人格者总是活在自己广阔的精神世界里。和这类人谈恋爱，往往要经历多年的爱情长跑，而关系却没有实质性的进展。

独身主义倾向

村上春树还有一部作品叫《海边的卡夫卡》，他对“卡夫卡”这个名字的偏爱不是无来由的。

第 8 章　分裂样人格
——人类世界的旁观者

村上春树说："卡夫卡是我一生最钟爱的作家之一。我 15 岁时第一次接触卡夫卡的作品《城堡》，这是一部了不起的经典巨作，带给我极大的触动，卡夫卡在书中描绘的世界既真实又虚幻，将我的心灵和灵魂同时割裂成两部分。"

1. 保持距离才能不受侵扰

卡夫卡是一个分裂样人格者，他写道："我恨一切与文学无关的东西，我讨厌与人交谈（即使这交谈与文学有关），讨厌串门拜访，亲戚间的喜怒哀乐使我无聊，这种无聊力透心田。交谈夺取了我思考的一切，重要性和严肃性，还有真实。"分裂样人格者害怕卷入人际关系中或者被他人控制，因此他们不愿意与人交往。

分裂样人格者有独身主义倾向，他们需要别人的慰藉来驱赶孤独，又希望能保持距离，不受侵扰。

卡夫卡也是一名独身主义者，他给出的独身理由是，"我必须尽可能单独生活。我获得的成绩都是单独生活的成绩。"这和常见的"为了事业"而独身的说法没什么区别。

卡夫卡也纠结过是否结婚，他说：“我在我的妹妹面前经常表现为与其他人面前截然不同的另一个人——无所畏惧，坦率直爽，强大有力，令人吃惊，爱动感情。如果通过找妻子的中介作用，我在所有人面前能合并为一个人就好了。但这是否意味着放弃写作呢？这就是不行，这就是不行！”

索伦·克尔凯郭尔也一样，如果只能在作家、教士、丈夫等身份之间选择的话，他一定会选择作家。

索伦在日记里写道：“我只有在写作的时候感觉良好。我忘却所有生活的烦恼、所有生活的痛苦，我被思想层层包围，幸福无比。假如我停笔几天，我立刻就会得病，手足无措，顿生烦恼，头重脚轻而不堪负担。”

两性关系也无法驱动他们去结婚，可谓天生的独身主义者。他们不是同性恋，也不是性功能不正常，只是对他们来说，一个人的精彩要胜过两性间的亲密。用卡夫卡的话说：“实际上，孤独是我唯一的目的，是对我的极大诱惑。”

他们认为过于亲密的关系会破坏他们的精神世界。

男性分裂样人格者明显多于女性。男性分裂样人格者极少结婚，异性之爱并不是他们的基本欲求。他们觉得保护好自己的精神世界，远比找一个异性伴侣重要得多。然而，为了生存，他们还是会建立必要的人际关系。

女性分裂样人格者可能会在猛烈的求爱攻势下答应结婚，但这种婚姻只是一种和男方保持精神距离的“形式婚姻”。即使缔结了这种形式上的婚姻关系，也多以离婚告终。

与分裂样人格者作伴侣，最好彼此能拥有共同的爱好，而且相互间又能保持适度的距离，如此方能长相厮守。

2. 与其失望，不如孤独

我们很难了解分裂样人格者的内心世界，因为他们不喜欢讲述自己的生活。他们总是持着一种大隐于市的姿态来看待世界，于是，心理学家们对他们的内心世界的说法大多靠猜测。

心理学家猜测，分裂样人格者可能存在这样一种核心观念：与他人的关系是复杂的、难以预料的、令人疲惫的，预热交往时期还会有各种误解，最好还是能躲多远就躲多远，不与别人建立关系。

分裂样人格者喜欢幻想，独自工作，善于营造一个从自己开始到自己结束的世界。从这个角度看，他们也具备一种自恋的特质，不太期望从他人那里寻求认可。

村上春树说：“人，人生，在本质上是孤独的、无奈的。所以需要与人交往，以求相互理解。然而相互理解果真可能吗？不，不可能，宿命式的不可能，寻求理解的努力是徒劳的。与其勉强通过交往来消灭孤独，化解无奈，莫如退回来把玩孤独，把玩无奈！”

《挪威的森林》中的另一个人物永泽说：“我和渡边的相似之处，在于我们未曾想过希望别人理解自己。”他和渡边都是我行我素，不管别人怎样看自己，以至于朋友只有那几个。

村上春树则借渡边之口说：“没有人喜欢孤独，只是不喜欢失望。”

为什么分裂样人格者会觉得处理人际关系特别累？心理学家猜想，可能这类人存在某些社交能力的缺失，就像某些人天生是色盲一样。

对于分裂样人格者来说，他们的精神世界和生活方式可能更为复杂或者简单，他们无法理解别人，而别人也无法理解他们。

有时候，分裂样人格者会觉得与他人沟通如“鸡同鸭讲”，既然“向外求”这么费劲，那还不如“向内求”，提升自己的专业技能，在某个领域取得成绩。

在古代，“扪虱而谈”可能会被传为美谈。然而，如果一个现代人，有着体面的工作、不俗的谈吐，却特别喜欢捡垃圾，很可能会被人贴上“有病”的标签，这其实是不公平的。如果能多一些理解，让这样的人从事他所擅长的职业，可能会取得不错的成绩，也会少一些“流浪的大师”。

分裂样人格特点

- 朋友极少，除亲属外，没有亲密的朋友和知己。
- 喜欢独居生活。
- 没有与他人建立密切关系的愿望，也不能从中感受到乐趣。

∢ 情绪表现冷淡且疏离。

∢ 对人际关系缺乏兴趣，害怕被卷入人际关系的纷争中或者被他人控制。

∢ 对批评或赞扬皆漠不关心。

∢ 对人冷淡，对亲属也不例外，缺少温暖体贴。

∢ 对有兴趣的工作几乎都能单独完成，工作能力突出。

第9章

分裂型人格

——遗世独立与奇幻思维

天才都是人类的病态，就如同珍珠是贝的病态一样。

——巴尔扎克

当超群的才智和精神变态的性格同时出现在一个人身上，就极有可能造就一个伟人。

——威廉·詹姆斯

分裂型人格与分裂样人格同属“分裂”这个谱系。如果说分裂样人格者的主要特征是孤僻、内向、情感冷漠、兴趣寡淡、心理封闭的话，那么分裂型人格者只是多了“奇幻思维”这个特质。而这个特质则会导致认知扭曲和古怪行为的出现。

分裂型人格，顾名思义，就是具有精神分裂症潜质的人格，只是尚未发病而已。学界认为，因环境因素或其他能抑制发病的因素的影响，没有患上精神分裂症的人，就会处于分裂型人格状态中。因此，分裂型人格的形成受遗传因素的影响较大，这一点也是它与其他人格的不同点。

分裂型人格者拥有与精神分裂症者几乎相同的遗传特质，处于正常人与精神分裂的临界点，也就是人们常说的“半疯儿”。

第9章　分裂型人格

——遗世独立与奇幻思维

用一个关键字概括分裂型人格，就是“幻”。代表人物有草间弥生、卡尔·荣格等。

漫游仙境的原创艺术家

如今，草间弥生是一位年逾九旬的老太太，是与安迪·沃霍尔齐名的前卫艺术家。但草间弥生不客气地指出，安迪·沃霍尔抄袭了她的创意。

草间弥生的作品被全球主要博物馆收藏，她被日本媒体称为“国宝级艺术家”。而她却自称是一位“精神病艺术家”。

大多数真正的原创型艺术家都有着强烈的分裂倾向。这很容易理解，毕竟只有超凡脱俗，才可能独具慧眼。

草间弥生于1929年出生于日本长野县，母亲从娘家继承了一间很大的经营种子生意的百年老店，所以，她的家庭堪称资产阶级家庭。

草间弥生本是一个普通至极的小女孩。她的父亲是一个“倒插门”女婿，却在外面有了一个情人。草间弥生的母亲患有癔症，每天除了寻求丈夫的关注，就是派五六岁的草间弥生盯梢出去偷情的父亲。

有一次，草间弥生没能跟上父亲，结果回到家就被歇斯底里的母亲痛骂了一顿。在这样的家庭中成长的草间弥生，自然而然就知道保持安静的重要性。因为只有这样，才能避开喜怒无常的母亲的注意。这其实是一种自我保护的本能。

大约 10 岁时，草间弥生画了一幅铅笔画，画面上一个小女孩阴郁而安静，没有一丝笑容。这其实正是她童年的写照。这一年，草间弥生开始出现幻觉。

草间弥生回忆道："我很小的时候，经常带着素描本跑去家里的采种场玩。那里有一大片槿花，我会坐在花圃里胡思乱想。某一天，一朵朵槿花像人一样摆出不同表情开始和我说话，它们的声音越来越大，大到我的耳朵开始痛。"

在草间弥生的眼中，世界仿佛是一张布满斑点的网，于是她不停地画画，试着用重复的圆点把自己的幻觉表现出来。她用自己特有的圆点表达方式表达不同的幻觉和梦境。

草间弥生对南瓜的迷恋始于她的童年记忆。爷爷经营的育种农场里的南瓜，对童年的草间弥生来说，就像某种宗教信仰中的神一样可以带给她安慰。

即使到了少女时代，草间弥生依然喜欢一个人静静地待着。那个时候，她幻视的症状更加严重了，甚至还出现了幻听的症状。那些南瓜、花朵，甚至桌布上的花纹，都能与她对话。

母亲将家族生意经营得风生水起，却对女儿的内心世界一无所知。在她看来，女儿的体验，不过是小孩子的胡言乱语，画画更是不务正业。母亲毁掉了草间弥生的画布，让她和雇农们一起干活，有时甚至把她关起来体罚。

1955 年，26 岁的草间弥生给美国女画家乔治亚·欧姬芙写信，寻求帮助。这位远在美国的女画家回信给草间弥生，表示愿意帮助她。

1957 年，草间弥生拿到了去美国的签证。临行前，母亲给了她 100 万日元，告诉她不要再联系了。于是，草间弥生带着 100 万日元（购买力大约相当于现在的 30 万人民币）和 300 套和服去了美国。

1962 年，草间弥生结识了另一位“怪咖”艺术大师——59岁的怪老头约瑟夫·康奈尔。在约瑟夫·康奈尔的鼓励下，草间弥生的创作有了质的飞越。她身上来自母亲的表演型人格特质被激活了，她变得更加前卫、大胆。

1968年，草间弥生的幻觉依然如影随形。草间弥生说："我，草间弥生，是漫游奇境的现代爱丽丝。"后来，她把纽约激进而前卫的行为艺术传回日本，却被日本的媒体称为"国家之耻"。

远在日本的家人知道后很难堪，特别是她那表现欲超强的母亲，更是羞愧难当，于是给女儿写了一封信：每次在媒体上看到你的事，我都觉得很丢脸，不知该如何面对邻居，我觉得愧对祖先，今天还跑去上坟。你小时候因为喉咙生病差点死掉，那时如果就那样死掉的话……

1972年，忘年恋人约瑟夫·康奈尔去世。1973年，草间弥生回到日本小住，可是越来越频发的幻觉让她不得不住进日本的疗养院。草间弥生在疗养院对面买了座楼，作为自己的工作室。她白天去工作室搞创作，晚上回疗养院睡觉。一些批评者认为，草间弥生在借精神病炒作自己。

1987年，草间弥生在福冈举办回顾展，日本社会才重新认识这位神奇的艺术家。1993年，草间弥生代表日本参加威尼斯双年展，她的艺术在国际上再次引起轰动。

这位曾被日本媒体称为“日本之耻”的艺术家，变成了他们口中的“国宝级艺术家”。2012年，因为与路易·威登的合作，草间弥生开始涉足时尚。无穷无尽的圆点是她的标志，一直重复，却又永远时尚。

受困于幻觉的心理学大师

分裂型人格者的内心总有一些匪夷所思的念头，行为往往也很奇诡。一些分裂型人格者会在童年时期出现幻觉、幻听、幻视等症状，当这些症状没有被发现和得到有效缓解时，他们就很可能在后期成为分裂型人格者。

心理学家卡尔·荣格身上也具有分裂型人格的特质。1875年，荣格出生于瑞士，家里8个叔叔及外祖母都是神职人员，父亲则是一位虔诚的牧师。

荣格有两个哥哥，但都在他出生之前夭折了。他父母的关系并不和睦，母亲的性情反复无常。荣格自小便是个奇怪的小孩，他大多数时间都是和自己做伴，常常以一些幻想游戏自娱自乐。

6 岁时，荣格开始上学，父亲开始教他拉丁语课。因为与同学们的相处，他慢慢发现了家庭生活之外的一些东西。

多年后回想起来，他将自己的人格分成一号和二号。须知，100 多年前，没有人提出双重人格（多重人格）的概念，荣格的天赋可见一斑。

荣格的一号人格表现在日常的生活中，此时的他就如普通的小孩一样，上学、念书，认真学习；二号人格则多疑，不轻易相信别人，并远离人群。

12 岁那年，一个男孩将荣格推倒，此后数月荣格经常陷入昏厥的状态，他的父母四处寻医但都没有治愈他的昏厥症状。之后，荣格通过自己的悟性治愈了自己的怪病。荣格将其称为经历一次“精神官能症”。也就在这个时候，荣格的一号人格成为主人格，二号人格慢慢消逝。

不久，荣格出现了幻觉。一次，荣格和小朋友去湖里划船，引起船主人不满，争执中，荣格突然感到自己是一个穿着 18 世纪服装的老人。荣格曾说：“是人类的痛苦的千山万壑，让我选择了精神病学这样一个职业。”

1895 年，荣格进入巴赛尔大学主修医学，在校期间曾发表了关于神学和心理学的演说。荣格年轻时就对怪力乱神之类的事物很感兴趣，他的学位论文写的就是“附体现象”。他有个表妹据说有通灵能力，也就是俗称的“大仙儿”，于是荣格经常用她来做研究。

大一时，荣格对论述精神现象的书非常感兴趣。毕业后，他选择精神医学方面的课程和临床实习，但课程内容却不那么让他感兴趣。

1900 年 12 月，荣格在苏黎世的一家精神病院获得了助理医师的执照。后来，他开始接触弗洛伊德的精神分析学说。1903 年，他发表了毕业论文——《心理学与超自然》，同年与富家女艾玛成婚，但婚后绯闻不断。

1905 年，荣格升任苏黎世大学的精神医学讲师，并在同年升为精神科医院的资深医师，主讲精神心理学，也讲授弗洛伊德的精神分析以及原始人心理学。

1907 年，荣格开始与弗洛伊德合作，发展及推广精神分析学说长达 6 年之久。

后来，荣格与弗洛伊德理念不和，分道扬镳，自立门户，创立了荣格人格分析心理学理论，把人格分为内倾和外倾两种，并主张把人格分为意识、个人无意识和集体无意识三层。

与弗洛伊德决裂之后，荣格几乎人脉尽失，他的学说也遭到了严厉的批评。他个人精神方面开始出现一些问题，频繁出现幻觉。

1914 年，荣格辞掉了工作，开始了一连串的旅行，并专心探讨自己的潜意识。

荣格曾经一度陷入精神困境，但他靠着自己的意志成功克服了困难。分裂型人格与社会性很难兼容，但荣格做到了。他提出的“集体无意识”“共时性”等概念，大大扩展了心理学的版图，这与其身上的分裂型人格特质不无关系。

敏锐、奇特的思维

分裂型人格者生活在想象的世界中，奇妙而独特的思维与直觉，会影响他们日常生活的方方面面。他们看似没有任何想法，实则不然。他们的思维异常活跃，总会不自觉地在脑海中与自己对话。

某些预言家就有精神分裂的病史，他们喜欢预言一些事。虽然预言能否实现只是个概率问题，但他们往往能因奇特的思维方式说出一些奇特的话来。

分裂型人格者与周围的人保持一定的距离，性格乖戾。他们有时会沉迷于神秘、古怪的想法和深奥的信念中。他们经常惧怕其他人，觉得自己被人监视，甚至受到迫害。

分裂型人格者无法理解他人的表情和意图，理解力较差。所以，他们的社交能力通常不佳，在见到一大堆不认识的人时常手足无措，有时甚至会离群索居。然而，分裂型人格者却有敏锐的直觉。

荣格是个直觉非常敏锐的人。他在青少年时代就能感觉到自己有两种人格，并且通过一些方法克服了心理上的问题。他曾在自传中提到，初次遇见未来的妻子时，便坚信她是自己的“真命天女”。

对于分裂型人格者来说，外界的生活并不重要，只要能活在自己的精神世界中，他们就能在各自的领域

“开花结果”，成为杰出的文学家、宗教家、哲学家。

他们的思维与直觉非常独特，超出了常识的范畴，所以不了解情况的旁人常会把他们当怪人看。有时候，分裂型人格者常会因为失去客观性而变得过分主观，沉浸于自己的世界中。他们的发言有时候也被称为“疯人妄语”。

对于分裂样人格者和分裂型人格者的划分法，有学者是持批评态度的。他们认为这些所谓的“症状”只是一种特别的生活方式，不宜被论断为人格障碍的表现，否则精神病学就变成了打压少数人的工具。

人脑进化的代价

科学家观察到一个奇异的现象，人类的很多心理问题，在动物身上也会出现，比如，鸟类有强迫症，鲸鱼和海豚会自残，宠物狗会有分离焦虑。但是，只有精神分裂症是人类所独有的。

对此，美国芒特西奈伊坎医学院的科学家给出了一种解释：这是人类大脑为进化出更高级、更复杂的认知能力所付出的不幸代价。

心理学家认为，如果一个人的心智能力明显高于或低于平均水平，也可被视为“分裂”现象。也就是说，天才与白痴，都属于“分裂”的范畴。

值得一提的是，从词源学上讲，英文单词“科学”（science）与“分裂”（schizoid）有着“亲缘”关系。science一词不仅有知识的含义，还有分化、分门别类的含义，因此科学又可以分为物理、化学、生物学等。

那些比较幸运的“分裂者”，可以幸运地将自己的天赋用于艺术、哲学、心理学、科学等的探索与拓荒上。还有一些不幸的“分裂者”，因为被社会排斥而充满恐惧，个人潜能无从发挥。

分裂型人格者总是活在自己的内心世界中，尽管他们会被视为“怪人”，但若能受到良好的教育，掌握一定的处理现实问题的能力，便能发挥其与生俱来的潜能，创造出不凡的社会价值。

对待“分裂者”，最有效的帮助是对其因材施教，将他们的奇思异想升华为创造性活动。

分裂型人格特点

- 不愿意信任他人，没有亲密、知心的朋友。
- 奇装异服或不修边幅，行为不合时宜。
- 没有妄想倾向，但有牵连观念，不包括关系妄想。
- 沉湎于神秘而深奥的魔幻思维，如特异功能、心灵感应、第六感等。
- 有不寻常的知觉体验，如错觉、幻觉，能够看见不存在的人。
- 有超自然的知觉扭曲，如灵魂出壳、遥视、透视、心灵感应等。
- 言语怪异，经常说一些含糊、琐碎、隐喻的词语。
- 表达意见不清晰，过分推敲自己和别人的话语。
- 适应社会困难，被人嘲弄时有猜疑或偏执观念。
- 过分的社交焦虑，不会随着熟识程度的增加而减弱。
- 表情淡漠，缺乏深刻或生动的情感体验。
- 认为世界是充满敌意和不可预测的，最好的选择是回避。
- 经常单独活动，主动与人交往仅限于生活或工作中必要的接触。

第10章

依赖型人格

——虚弱、依附与逃避自由

最迫切的需要是找到一个可以投降的人，尽快地把他这个不幸的受造物与生俱来的自由交给那个人。

——陀思妥耶夫斯基《卡拉马佐夫兄弟》

人是喜欢逃避自由的动物。有一个叫“选择困境”的心理学理论，人们害怕选择的理由主要有两个：因为要为选择承担责任而焦虑；因为放弃了另外一种选择而担忧。

——艾瑞克·弗洛姆《逃避自由》

依赖（dependent）这个概念比较容易理解，因为我们每个人都有依赖感。

很多时候，依赖是健康的，比如，幼年的孩子对父母的依赖。适度依赖能让人们变得自信，不害怕暴露自己的脆弱，懂得求助，并充分地信任他人。

但是，当一个人因为害怕危险、逃避责任、不愿努力而不得不依赖别人的时候，这种依赖就会成为过度依赖，甚至是一种障碍。

依赖型人格，亦称虚弱人格，是病态人格的一种，表现为过度地依靠别人的支持、指导、照顾和保护。比如，在工作中无法独当一面，甚至连做最简单的决策也需要他人的指导。

依赖型人格的特点是缺乏自信心和独立性，他们内心表现为两个核心信念：第一，独自一人是无法做成任何事情的；第二，出让自主决策权就可以不用承担责任。他们其实是倾向于把生命的意志寄托给他人。

用一个关键字形容依赖型人格，就是“寄”。代表人物有朴槿惠。

过度依赖他人的女总统

朴槿惠的父亲朴正熙，是一位威权型政治家。在朴正熙领导韩国期间，曾创下经济高速发展的奇迹。父亲的政治遗产，成为朴槿惠问鼎总统宝座的“铺路石”。

在世人眼中，朴槿惠是韩国第一任女总统，她既具备韩国传统妇女的温柔、贤淑，同时又具备坚强、独立、勇敢、果断等领袖气质。然而，这只不过是一个“人设”。

心理学家普遍认为，朴槿惠具有依赖型人格。依赖型人格者背后往往有强势的控制型父母，所以会有“一辈刚强，一辈窝囊”的民谚。

朴槿惠的父亲朴正熙是一位性格刚烈的人，他曾连任韩国5届总统，把持政权十几年，不许任何人有异议。朴正熙担任总统期间，韩国每年保持9.2%的经济增长率，被称为“汉江奇迹”。

这位被誉为“韩国现代化之父”的政治强人，简直是“力量”与“正确”的代名词。而这在无意中会形成一种“控制”的氛围。

一些父母在教养孩子时，总是一味地要孩子听话。当孩子不听话时，父母就会觉得自己的权威受到了挑战，便运用自己作为父母的权威，对孩子进行打压。

这种行为模式下训练出来的孩子，无论做什么事情都会感到深深的挫败感，下意识里会认为自己无能，必须选择示弱和服从，才配得到爱，才能处理好与他人的关系。

这种被剥夺独立人格的孩子会变得胆小、无能，丧失自信，渐渐地，就发展成了依赖型人格。依赖型人格的形成早期受原生家庭的影响，后期也受到感情、工作、交友等因素的影响。

心理学家弗洛姆说："为了克服孤独与无能为力感，个人便产生了放弃个性的冲动。"孤独感是朴槿惠依赖型人格形成的一个重要因素。

朴槿惠家里有兄弟姐妹，母亲作为"第一夫人"总是忙里忙外，后来，她的母亲在一次暗杀中遇刺身亡。可以说，母亲对她的情感陪伴是匮乏的。这让朴槿惠承受了远超她年龄的痛苦，她变得封闭和孤独。

这个时候，一个名叫崔太敏的人乘虚而入。崔太敏于 1912 年出生，先做过僧侣，后又为牧师，曾有过 6 段婚姻，被认为是朴槿惠的"导师"。崔太敏自称受朴槿惠的母亲托梦，以一种灵魂导师的姿态安慰朴槿惠，说："妈妈不是离开，而是让路给你，让你开始你的时代。"

更加不幸的是，父亲朴正熙在 1979 年被刺身亡，这让朴槿惠更加孤独。作为名人子女，她的社交圈子非常小，在极度孤独和封闭的状态下，朴槿惠的内心犹如一个孤岛，于是，她更加依赖崔氏家族。

朴槿惠对崔氏家族的信任和依赖，远超过对自己亲生弟妹的信任和依赖。朴槿惠甚至连妹妹的婚礼也没有参加。

崔顺实是崔太敏的女儿，比朴槿惠小 4 岁，成为她的闺蜜和玩伴。崔顺实经常到总统府陪朴槿惠吃饭、看电视，并为她购买私人用品。正是这种信任和依赖，让朴槿惠向崔顺实交出了自己的大小决策权。

在朴槿惠担任总统期间，小至日常生活，大到国家政策、人事任免，她都让这个名叫崔顺实的女人代为决策。这种对他人的过度依赖对一个国家领导人来说简直是致命的。

这一内幕随着崔顺实的女儿招摇的行为而曝光，朴槿惠也因此而遭到弹劾。

依赖性与关系囤积癖

不恰当的教养方式，可能会培育出依赖型人格者。比如，孩子表现好了，养育者就挑刺儿，说做得还不够好；孩子表现不好时，养育者反而和蔼地帮助、鼓励孩子。

这其实是在训练孩子的依赖性，不给他们自主、自立的机会。

久而久之，孩子就会逐渐形成对权威的依赖心理。即使长大以后，在需要做决策的时候，他们也会将目光转向其他人，比如配偶、父母、朋友，让他们决定自己做什么工作、去哪里度假、穿什么衣服。

F先生，40多岁，是一位财务经理，他的职业是听从父亲的建议选的。参加工作后，F先生常因没时间参加某些活动而感到焦虑。

F先生的自我评价是，一个特别合群的人。然而，他又说自己的问题就出在交际上，感觉自己不能没有别人的陪伴。

上小学时，F先生就特别害怕在玩游戏的时候不能加入某一方，特别害怕在体育课上不能入选某支队伍。为了合群，他宁愿接受最不受待见的角色和位置，比如，在游戏中扮演叛徒的角色，在踢足球的时候担任守门员或后卫。

依赖型人格者，不在乎依赖的对象是谁，只要有人可以依赖，可以让他获得某种身份或角色，他就会感觉舒适。至于那是什么身份，并不重要。

F先生的低姿态使得很多人都喜欢他。当有人决定和他做哥们儿时，F 先生感到非常自豪，甚至准备随时奉献一切。

依赖型人格者，宁愿放弃自己的个人趣味、人生观，也要找到一座靠山。即使别人带他去做坏事，比如偷窃，他也会毫不犹豫地参加。

F 先生这类人缺乏强烈的自我意识，害怕在情感上与他人分离，总是在寻求一种依赖的关系。F 先生的妻子比他大几岁，相貌也不是他喜欢的类型，但他却被妻子倒追成功了。

婚后，F 先生的妻子有时会批评他有“关系囤积癖”。

依赖型人格者喜欢囤积物品，无法丢弃任何物品，于是他们家中堆满了无用之物。他们深信，自己的那一堆破家具总能派上用场，破书和旧杂志里可能包含着自己有朝一日会用得上的重要东西。

F 先生正是这样的人，他会给那些 20 多年未见，且明显不会再见的人寄贺卡。当一段关系结束后，他觉得就像失去了一部分自我。

依赖型人格者在生活的很多重大领域里都放弃了自己对他人的义务，并且让被依赖者的需求取代了自己的需求。

依赖型人格者凡事依赖他人，生活物资靠别人供给，听凭他人支配。他们被动、屈从、怯懦、贪婪、轻信，人生信条是，一切依赖外界。一旦他们失去“供应来源”，就会焦虑不安。

逃避自由的寄生者

心理学家弗洛姆曾写过一本书叫《逃避自由》，他在书中提出了一个疑问：希特勒为何会受到那么多人的拥护，人们为何会心甘情愿地屈从于一个凶暴的权威？这里面是否包含心理学问题？

其实，依赖型人格可以被视为解释这一社会现象的注脚。

弗洛姆认为，进化程度越高的动物，其生而具有的本能自动调节的装备越不完善。这种反差在人类身上达到了顶点。在所有动物中，刚出生时，人对父母的依赖程度最高。

依赖型人格的形成，往往与童年时期的成长经历有关。在婴幼儿时期，孩子如果能够完成与父母的心理联结，等到孩子获得足够多的安全感以后，他们就能够在心理上完成与父母的分离，拥有自我的内部力量，而不是依赖别人指导自己探索周遭的世界。

在心理上完成与父母的分离的孩子具有自我意识，能够对自己的行为负责，恰当地对待权威。

一个人如果在童年时期在心理上没有顺利完成与父母的分离，就会表现为强烈地依赖他人。依赖型人格者与恋人的关系，其实是与父母关系的延伸。

有一种很常见的情形是，依赖型人格者发微信给自己的恋人，如果恋人没有秒回就会产生焦虑；电话打不通就会不停地打。

一位女士很害怕男友离自己而去，便要求男友随时陪着自己。一刻看不到男友便会焦虑，不停地打电话问男友去了哪里，和谁在一起。

依赖型人格者的过度依赖不会让被依赖者有被需要的感觉，只会让他们感到窒息。此时，被依赖者就会努力摆脱依赖者。

女性依赖型人格者对自身是不自信的，只能习惯性地依靠别人，甚至会容忍配偶的种种缺点，甚至不忠、虐待。弗洛姆指出，虽然某些人可以从“施虐—受虐”的关系中获得满足，但是这种满足只是暂时的。

从某种意义上来说，依赖型人格者成了菟丝花一样的寄生者，完全依赖“寄主”生活。如果他格外害怕失去这个“寄主”，就会死死缠住这个“寄主”不放。

这样，依赖型人格者的依赖就不再可爱，而成了别人的负担。依赖型人格者害怕失去，常常陷入恐惧和愤怒的状态中，于是“依赖与保护”的游戏变成了“纠缠和挣脱”的战斗。

依赖型人格的升华

要想改变自己的依赖型人格，我们可以通过刻意练习来改善，也可以从身边小事做起，潜移默化地改变自己的行为模式。比如，列一个清单，提醒自己哪些事情过于依赖他人了；再列一个小计划，每周做一项由自己做决定的“小冒险”，如独自去郊游、健身等。通过类似的行为，依赖型人格者能逐步提升自己的自立能力。

弗洛姆认为，自由是所有成长的基本前提，但自由的代价是要勇于承担相应的责任。在弗洛姆的观念里，现代人的很多从众行为，本质上都是逃避自由。从这点来看，“依赖”其实是非常普遍的现象。

此外，依赖型人格者还可以根据自己的性格特点发掘自身潜能。

很多时候，依附和领导是一种共生关系。就像福尔摩斯和华生、堂吉诃德和桑丘，每个大英雄身边总需要有个依附者。如果说领导是一种力量，那么追随也是一种力量。没有追随力，就没有领导力。

依赖型人格者的决断力可能不足，但在经过合理的培训后，却可以成为称职的副手或追随者。

依赖型人格者追求亲近感和归属感，这会让他们显得友善，容易接近。依赖型人格者都有一个“技能”，那就是通过打破人与人之间的防卫，来达到依赖的目的。

在一个人口快速流动的社会，“自来熟”“套近乎”，已经不再带有贬义，反而带有某种积极的含义。依赖型人格者的“人际关系收集癖”可以帮助他们成为强大的人际关系中枢。如果能将这种人际“破冰”的能力升华，他们就能在社会活动中得心应手。他们有潜力成为很好的会议组织者、活动发起人，适合担任行业协会理事长之类的职务。

依赖型人格特点

∢ 害怕被遗弃，明知他人错了，也随声附和。

∢ 无独立性，避免自我做主张，拒绝承担责任，很难单独开展计划。

∢ 很容易因未得到赞许或遭到批评而感到受伤害。

∢ 自我形象较弱，缺乏自信，常常轻视、贬低自己，感到无助、无能。

∢ 不爱竞争，常常讨好他人，逃避社会压力和人际冲突。

∢ 若所依赖的人不在身边，易产生焦虑感和无助感。

∢ 希望或者容忍他人安排自己的生活。

∢ 感情关系只是为填补内心的空虚，甚至达到来者不拒的地步。

∢ 常常依附于别人，过分顺从别人的意志。

∢ 在没有从他人处得到保证之前，对日常小事也不能自己做决策。

∢ 敏感多思，控制情绪的能力较差。

第11章

抑郁型人格
——无价值、无意义与无力感

心中的抑郁就像只“黑狗”，一有机会就咬住我不放。

——温斯顿·丘吉尔

过于靠近一个摄魂怪，你的任何良好感觉、任何快乐的记忆都会被它吸走。如果做得到的话，它会长期靠你为生，最后将你弄得跟它一样——没有灵魂，而且邪恶，留给你的只有你一生中最坏的记忆。

——J. K. 罗琳

古希腊医师希波克拉底曾将人的气质分为四种：胆汁质、多血质、黏液质和抑郁质。尽管对抑郁的研究已经有 2000 多年的历史，但我们对抑郁的了解仍知之甚少。

温斯顿·丘吉尔曾经把抑郁形容为“黑狗”，J. K. 罗琳则把它形容为“摄魂怪”，这种感性的描述，大致相当于中文的“黯然销魂”。

抑郁是指一种长期、持续的消沉心境。从比较健康一端的温斯顿·丘吉尔与“黑狗”的对抗，到严重一端的抑郁症患者的自罪妄想，都可划归“抑郁”的谱系。

用一个关键字概括抑郁型人格，就是“黯”。代表人物有 J. K. 罗琳、马龙·白兰度等。

第 11 章　抑郁型人格

——无价值、无意义与无力感

抑郁≠忧郁

最典型的抑郁型人格者，不是像林黛玉那种经常以哭泣宣泄情绪的人，而是像马龙·白兰度这种“钢铁直男”。

不得不承认，世界上确实有“演技”这种东西存在。

马龙·白兰度因影片《欲望号街车》的巨大成功而一举成名，这让他收获了无尽的声望和财富。“仿佛一觉醒来坐在糖果堆上”。但他承受不住这种名气，感觉自己“才不配位”，自己不过是个骗子。于是，他不得不求助于心理医生。

对自己的消极评价是抑郁型人格者的一种长期的思维状态。抑郁型人格者还存在一种根深蒂固的无价值感。尽管马龙·白兰度拍了不少佳作，但他一直贬低自己拍过的电影，蔑称这只是“无理吃饭”才从事的职业。

马龙·白兰度结过 3 次婚，3 任妻子和他都是在拍戏时相恋，而且都是奉子成婚。他的生活也是一片狼藉，和异性的关系也是混乱不堪。他的内心充满抑郁和焦虑。

马龙·白兰度身上兼有表演型人格特质和抑郁型人

格特质。他的抑郁型人格特质具有家族遗传原因，他的父亲就是一名抑郁型人格者。

抑郁与忧郁是不同的。比如忧伤，它总会慢慢淡去，即使跌入谷底，也不至于陷入沉沦。但抑郁性的认知、情感、意象与感觉，会以持久、隐蔽、有序、缓慢的形式渗透、蔓延，犹如凛冬慢慢降临。

很多时候，抑郁的反义词不是快乐，而是活力。打一个粗浅的比方，对于一个严重抑郁的人来说，就算地上掉了一张百元大钞，他也懒得去捡。

不少抑郁症患者都能感受到欢乐，他们甚至还具有出众的幽默感，比如，谐星憨豆先生、以幽默著称的作家马克·吐温都曾受困于抑郁。

抑郁型人格者内心存在一种无价值、无意义的情绪，占主导的心理状态是消沉、萎靡不振，而不是悲伤。他们对自己的评价是消极的。

脑神经科学研究证明，当一些亚型抑郁症患者期望快乐和行动时，他们大脑中负责解决矛盾冲突相关的区域的活动增强了。

一个健康的人，每做一件事，每一次行动，都会有快乐的感受，这是直接的奖励。这个积极的反馈会驱使他们不断行动。

年幼失怙引起的抑郁

抑郁型人格的形成，与童年的经历有关。按照弗洛伊德的理论来说，早年的丧亲体验是个体产生抑郁心理的基础。年幼失怙、被遗弃是产生抑郁的根源之一。

1. 自罪倾向

D 先生就职于一家互联网创业公司，他也曾长期受困于抑郁。据他自己讲，在他很小的时候，父亲就和母亲离婚，各自组建了新的家庭。于是，D 先生就在母亲的新家庭中生活一段时间，然后在父亲的新家庭中生活一段时间。

在这种动荡不安中，D 先生慢慢长大。但 D 先生始终觉得自己不属于两边任何一个家庭。

长大后，D 先生对自身、对世界、对未来都存在着不同程度的消极看法。他对自己的评价是“悲观主义者”，常常自我憎恨。这种对自我的负面评价，在D先生步入青春期之前就开始了。

D先生在工作中认真尽责，但他对自己的胜任力持怀疑态度，这使得他不能在工作中发挥出自己的最大潜力。

当然，他对别人的评价也很苛刻，且往往以“辛辣”的黑色幽默表达出来。他喜欢对别人评头论足，在人际交往中也表现出愤世嫉俗、易激惹和不耐烦。所以他经常得罪人，这也造成了他孤僻的生活方式。

有人曾让他形容自己的感情，他用了“了无生趣”一词。他曾经服药治疗，但起色不大。困扰他的情绪状态是“消沉”和“无能”。他选择治疗前办了离婚手续，他相信没有自己，妻儿会过得更好。

抑郁型人格者普遍有着较高的“道德水平”，他们自我憎恨的程度远超出自己的实际缺点。一种常见的抑郁状态是“我不够好，我有缺陷，我自作自受，我就是罪恶”。

抑郁型人格者会铭记自己的过错，反复回忆。这种反躬自省，让他们对自己的优点、善举熟视无睹。

还有一种亚型的抑郁状态是“我很空虚，我很饥渴，我很孤独，关心我吧”。

很多抑郁型人格者都是完美主义者，他们工作努力，做事认真，总是有着很高的标准。但是，他们总是会看到事情不好的一面及可能存在的风险，并过高估计负面影响，过低估计正面影响。而这常常会妨碍他们在工作中发挥出自己的最大潜力。

2. 自我挫败

认知学派的心理学大师亚伦·贝克总结出了抑郁型人格的“认知三合一”理论，即抑郁型人格者的消极认知集中在三个方面：对自己消极的看法、消极的当前体验、对未来消极的看法。

抑郁者对自身、现在、未来均存有消极、悲观的看法。所以，他们对自我的评价偏低，他们身上存在自我挫败的特质。“自我挫败”是和“自我成就”相反的一个概念，也就是自己主动寻找挫败感。

武侠小说家古龙，有一则广为人知的简介：原名熊耀华，出生于1936年。自小身世飘零，性格孤僻、沉郁。

古龙的父亲名叫熊飞，也是一名武侠小说家，曾用笔名东方客。古龙儿时，父母不和，最终，父亲为了另一个女人离家出走。古龙对自己的身世绝口不提，直到老父亲因帕金森病住进医院，登报寻子，朋友们才知道他的身世。

古龙具有抑郁型人格的特质，他所讲的故事里的主角，很多都受困于抑郁。

古龙的小说中充满了这样的"病态主角"：主角本来可以战胜对手，却因为自我否定，放弃了战胜对手的机会；主角本来可以得到美好的爱情，却临阵退缩，放弃了得到美好爱情的机会……这种写作风格，很可能与古龙本人的心境有关。

很多抑郁型人格者总是陷入消极的自我否定当中，不可自拔，自然也就失去了挑战与自我实现的动机之源。

亚伦·贝克认为，消极的认知过程是抑郁的根源，是由自我挫败的思维方式造成的。这种自我挫败的思维方式，是指一个人消极地否认自己的能力，以及自己做某事能够成功的可能性。

在这样一种信念下，一个人会干脆放弃行动和努力，或者在做事时心不在焉，致使结果不尽如人意或彻底失败。而这又反过来强化了他先前的自我假设。

生活磨难引起的抑郁

一些心理学家认为，抑郁是一种习得性无助。也就是说，长期、持续的挫败会让人认为，行动也改变不了现状。其实，谐星憨豆先生、幽默作家马克·吐温都是抑郁型人格者，他们的抑郁型人格特质很大程度上来自生活的磨难。

1. 被否定的学生时代

J. K. 罗琳是当今世界上版税收入最高的作家之一，同时也是一名抑郁型人格者。罗琳于 1965 年出生于英国格温特郡，父亲是一名退休的机场管理人员，母亲是一位实验室技术员。

中学的时候，罗琳性格内向，但很擅长编故事，经常把自己的好朋友编在自己虚构的故事中。罗琳的中学老师摩根夫人喜欢测试学生的智商，并据此安排学生们的座位。罗琳认为，这种糟糕的教学方法所带来的精神创伤要比体罚还严重。

摩根夫人认为罗琳是个笨学生，但罗琳一直认为自己不笨。后来，罗琳报考牛津大学，可惜没有考上。罗琳就读的是离家很近却没有名气的埃克塞特大学。在大学期间，罗琳读了著名的幻想小说《指环王》。

罗琳的想象力非常丰富。父母认为，罗琳过于活跃的想象力只不过是可笑的个人怪癖，将来可能让她无法养活自己。后来，父母担心的事情真的发生了。

罗琳毕业，即面临失业。大学毕业后，罗琳在伦敦过了一段漂泊的日子。刚开始的时候，罗琳靠打零工糊口，但这并不能真正让她生存下去。

在伦敦漂泊期间，罗琳曾去曼彻斯特找大学时的男朋友，但因为一些原因，她没有在曼彻斯特待下去。在返回伦敦的火车上，罗琳一直望着窗外的风景发呆。恍惚间，哈利·波特这个虚构的形象浮现在她的脑海里……

2. 感情和生活的挫折

罗琳的母亲名叫安妮，身患多发性硬化症。罗琳 12 岁时，母亲因疾病所困已经拿不起茶壶，最终于 1990 年 12 月去世，年仅 45 岁。

母亲的离世对罗琳的心理打击很大，不仅改变了罗琳的生活轨迹，也改变了“哈利 · 波特”故事的走向。有一段时间，罗琳漫无目的地生活着。

在感情的世界中，母亲的离世算是一个打击，然而还有一个重大的打击在等待着罗琳。罗琳曾和一位葡萄牙记者结婚，婚后，罗琳并不幸福，经常与丈夫吵架，最终被丈夫赶出家门。

唯一让罗琳感到安慰的是，她身边还有女儿杰西卡相伴。离婚后的罗琳独自抚养女儿，生活异常艰辛。因为生活的艰难，罗琳在那时可能已经有了抑郁的倾向。罗琳的“抑郁”甚至在“哈利 · 波特”故事中化身为“摄魂怪”，成为哈利 · 波特的敌人。

罗琳在采访中说：“如果别人从来没有体验过抑郁症，就很难向人们描述抑郁症是什么感觉，因为它不仅仅是悲伤一词能概括的了的。”

罗琳花了 9 个月的时间接受心理治疗，抑郁的症状才有所缓解。意兴阑珊之中，罗琳几乎要把写作事业放弃了。幸亏有妹妹的支持，罗琳才坚持写作。罗琳承认，如果不是妹妹的肯定与鼓励，自己很有可能会放弃写作。

罗琳最喜欢说的话是“人生来就是受苦”。这种认识，也是她战胜抑郁的一种重要力量。

1997 年，《哈利·波特与魔法石》顺利出版，从此，罗琳的名气越来越响。她以惊人的速度成了英国最富有的女人之一。困扰罗琳多年的抑郁症状也得到很大改善，但她腼腆的表情、喜欢在网上与人争论的风格，说明她仍有一定的抑郁型人格特质。

开创客体关系理论的精神分析学家梅兰妮·克莱因，主张把抑郁从疾病的范畴中独立出来，并把沮丧、悲伤、悔恨、内疚、孤独等抑郁体验，作为一种人生中必然会出现的时刻，而承受和忍受情感痛苦的能力是我们精神生活的重要组成部分。

抑郁者的自我救赎

科学家对抑郁的形成机制已经越来越清晰，它一部分来自我们内心的思维方式，一部分来自我们大脑的内分泌。

1. 对抗负性思维

有一些心理学家认为，抑郁其实是一种防卫机制，适度抑郁有助于提升理性。抑郁的价值之一是促使我们自省。林肯和丘吉尔这样的大人物都曾受抑郁困扰，他们的洞察力与先见之明可能与这种心境有关。

为了对抗负性思维，林肯甚至把报纸上赞扬他的话做成剪报随身携带，在沮丧时拿出来给自己打气。

反躬自省固然是一种智慧，但如果我们任由这种情绪蔓延，就容易陷入一种近乎病态的担忧或自责当中。这其实是一种思维反刍（rumination），也就是反复、被动的思考，如同牛羊一样，将胃里的食物返回嘴里再次咀嚼。

这种思维方式虽然可以为我们提供一些新的想法和

见解，但结果只能加剧我们情感上的痛苦，反复地体验痛苦给我们带来的伤害是巨大的。

反刍思维对抑郁的出现、持续存在和复发起到一定的催化作用。因此，减少对过去失败、失望和错误的行为或想法的思维反刍，学会顺其自然，有助于走出抑郁。

2. 补充 BDNF

越来越多的人明白，抑郁症和普通疾病一样，可以通过服药得以缓解和治愈。

百忧解、西酞普兰、阿米替林等抗抑郁药物的销量也日益提升。然而，这些药物并不是对所有的亚型抑郁症都有效。最新研究表明，百忧解或其他类似的药物对60%～70%的抑郁症患者无效。

抑郁症的致病原因多种多样，难以捉摸。然而，有一种名叫 BDNF（脑源性神经营养因子，brain-derived neurotrophic factor 的简称）的物质，却对几乎所有的抑郁症都有效。

但口服 BDNF 无法被吸收，正如它的名字所揭示的，它是源自大脑的一种营养因子。

当我们运动，比如慢跑，会刺激 BDNF 的分泌。在动物实验中我们已经看到，大脑在体育活动开始时便立刻分泌这种物质，并在停止运动后的几个小时内仍然保持分泌。

当我们缺少 BDNF 这种营养因子时，我们就会没有活力；我们没有活力，懒得动，就会更加缺乏这种营养因子。BDNF 和运动之间，就像"鸡生蛋，蛋生鸡"的关系一样。

假设你每周慢跑两次，每次 40 分钟，你的大脑在每次跑步中所产生的 BDNF 会越来越多，就算你停止锻炼，BDNF 水平还是会持续升高。

有研究认为，一个抑郁症患者如果能每周锻炼两次，每次 40 分钟，坚持 6 周后，抑郁症状就会明显减轻。

抑郁型人格特点

- 广泛性、持久性的消极、悲观。
- 无法从成就中体会到快乐。

- 总是活在一种无意义、无能力、不胜任的状态中。
- 占主导的情感是消沉、萎靡，而不是悲伤。
- 根深蒂固的无价值感。
- 具有强烈的负罪感、懊悔等反刍心理。
- 对人、对己都有较高的价值评判标准。
- 人际交往风格多是批评性的，容易伤人感情。
- 对人有较强烈的敌意，易被激惹。
- 倾向于以负面或自贬的方式误读他人的评论。

第12章

被动攻击型人格

——消极、违拗与自我挫败

蔫人出豹子。

——民谚

会咬人的狗不叫，会叫的狗不咬人。

——民谚

被动攻击（passive aggressive）这个术语，最初是由美国军方提出的，它被用来描述某些士兵身上出现的不服从指挥的微妙情绪。

研究被动攻击（passive aggressive）这个词的英文含义，有助于我们理解被动攻击的内涵。passive 的意思是消极的、被动的；而 aggressive 不仅有攻击的含义，还有挑衅的、侵略的、富有攻击性的、气势汹汹的、借故生端的、爱打架的等含义。

现实生活中，很多人都有一些被动攻击性的行为，只是程度和频率不一样而已。青少年都会经历一段逆反期，在家里或学校挑战权威，做出被动攻击性行为：不做作业、不收拾自己的东西、逃学……如果在合理范围内，这些行为都是可以理解的。

第12章 被动攻击型人格
——消极、违拗与自我挫败

被动攻击型人格也叫消极攻击型人格，是一种以被动方式（拖延、不作为）来体现其攻击倾向的行为模式。

被动攻击有点类似俗语说的“拧巴”。在上司和下属、工作人员和顾客、家长和孩子之间，都容易出现被动攻击的现象。被动攻击型人格者内心存在一种执拗的信念：顺从等同失败。

被动攻击型人格者的常见思维方式：我要如何摆脱当下情境，又不能得罪任何人，或者我如何逃离当下，但是还不能让别人挑出我的错。

用一个关键字概括被动攻击型人格，就是“拗”。代表人物有电视剧《都挺好》中的苏大强。

难以追责的攻击

在电视剧《都挺好》中，人物苏大强是一个图书管理员。苏大强作为一个父亲，名义上是一家之长，其实又小又弱。剧中暗示，苏大强年幼时父亲去世，随母亲长大。

成年后，面对强势的妻子，苏大强有怨气但不敢直接表达出来，在妻子面前唯唯诺诺几十年。久而久之，苏大强身上就有了被动攻击型人格特质——以敷衍、不作为等消极行为实现攻击。

剧中暗示，苏大强妻子的死本来是可以避免的。在苏大强的妻子病发需要抢救的时候，苏大强并没有打急救电话，而是叫上邻居带着病发的妻子在街边拦出租车，被拒载数次后导致妻子未及时就医死亡。

这就是被动攻击型人格者的行为模式，内心本来有很多不满和怨念，却又不能或不愿坦荡、大方地表达出来，而是采取只有他自己才清楚的将事情搞砸的宣泄方式，以获得心理平衡。

在处理与子女、朋友、同事之间关系的时候，苏大强延续了这种“蔫坏”——表面上挺像一个老好人，但一有机会就使坏。

被动攻击型人格者在亲密关系中常常感觉到羞耻，

自尊心极低。苏大强就经常通过认怂让子女闭嘴。他们这种人非常擅长通过取悦对方来让对方平静下来，然后通过貌似无意的攻击来反制对方。

由于苏大强的妻子特别凶悍，又特别宠爱二儿子苏明成，苏大强其实对二儿子苏明成是隐藏有敌意的。

苏大强和二儿子苏明成住在一起，是为了获得照顾，但他又对这个儿子心怀不满。而苏明成又希望通过照顾父亲来提升自己在整个家庭中的地位。这样，他们两个人之间就形成了一种既共生又互相攻击的局面。

被动攻击其实也是一种秘密操纵对方的手段。苏大强和苏明成父子俩彼此扮演着助人者的一方，又秘密控制着对方，满足着自己的需求。

被动攻击型人格者善于装糊涂。二儿子苏明成和二儿媳发生了口角，于是二儿媳回了娘家。分居一段时间后，女方娘家人决定给苏明成一个台阶下，让苏大强陪着登门解释。

苏大强表面上是带着礼物去道歉了，可是在亲家面前说出的话却阴阳怪气、绵里藏针，这一下反而激化了矛盾。就算二儿子向父亲讨个说法，恐怕苏大强早就找到了自己嘴笨的借口，甚至会问：“你怎么会这么生气？”让人有种一拳打进棉花里的感觉。正是苏大强的蔫坏，让二儿子不得不做出离婚的选择。

被动攻击型人格者的主要特点就是，用消极、恶劣、隐蔽的方式发泄自己的“邪火”，用自以为可以免责的小阴招来对不满的人或事进行攻击。

不干活，说怪话

研究发现，比较阴暗的童年经历，是被动攻击型人格形成的根源之一。

K 女士的童年充满了“拒绝”。K 女士两岁时父母就离婚了，从此她就很少见到母亲。她偶尔会收到母亲寄过来的信，上面写着口是心非的“想你”。这反而令 K 女士更加痛苦，更加深了她内心的被拒绝感。

第12章 被动攻击型人格
——消极、违拗与自我挫败

K女士渴望得到母亲的爱，却从不给母亲回信。她在愤怒和悲伤的情绪中熬过了童年。K女士高中时成绩不好，听到同学大谈理想，憧憬未来，她只会嫉妒地听着。

后来，K女士在一家小型房地产公司工作，同事们对她的评价大多都是阴郁、愤世嫉俗、情绪化。她还有一个绰号叫“杠精”，喜欢对别人说的话进行挑刺，以及对公司的既定策略提出质疑。曾有上司问她为什么喜欢这样特立独行的做派，她回答：“你是领导，你来帮我解答啊。”

K女士对公司安排的工作总是能逃则逃，有时甚至玩消失。当领导责问她为什么会旷工、迟到时，她回答：“你不会懂的。”某次雨天迟到了，她又被领导点名，K女士又对领导说：“我哪像你，有一辆SUV。”

K女士语言尖酸刻薄，对于那些成功的同事，她总是认为别人使用了见不得人的手段。

在很多企事业单位中，都存在着一种“不干活，说怪话”的员工，管理者常常对他们无可奈何。在日常交流中，他们好像总是很被动、很无奈，但言行之中却总让人不舒服，觉得隐藏了一种说不出来的攻击性。

蔫人出豹子

人人都喜欢好脾气的人，因为脾气好的人不爱发火。但好脾气不代表没脾气，有的人只是善于用迂回的方式表达愤怒。

俗话说："蔫人出豹子。"脾性一贯和善的人，可能只是克制了自己的怒火，所以没有做出冲动的行为。一旦他们被触碰到了底线，他们也会伺机报复，甚至攻击性会更强。

很多时候，被动攻击型人格者内心充满了愤怒和不满，但又不敢直接将负面情绪表现出来，而是表面服从，暗地里抱怨、敷衍、拖延，不予合作。尽管他们心里不满，但在强烈的依从和敌意冲突中，他们常常难以获得心理上的平衡。

在日常交流中，被动攻击型人格者给人的感觉总是很被动、很无害，言谈之中总是包含着一种说不出来的攻击性，让人感觉不舒服。当他们知道你想得到什么以后，就会悄悄地费尽心思阻碍你得到。

理解这种人格特质，对管理者来说尤其重要。被动攻击型人格者的内心存在一种信念：说出自己想法的风险太大。所以，他们会被动、间接地抵制权威，或表达对权威人物的挑衅。这也是他们被称为被动攻击型人格者的原因之一。

被动攻击型人格者，通常不愿进行坦诚的对话交流，所以在他们人际关系中出现的问题就变得难以解决。

理解被动攻击的情绪根源

被动攻击行为非常常见。比如，父母要求孩子去写作业，孩子很厌烦，为了反抗父母，他们会采取蒙头大睡的方式表示“攻击”。

被动攻击型人格者，会将类似的行为模式固定化、常态化。他们最主要的特点就是不能用恰当、有益的方式表达自己不愉快的情感体验。

在管理工作中，被动攻击与“自我挫败”这个概念密切相关。所谓自我挫败，我们可以举个例子来说明：上级出于信任，让自己的下属去完成一个任务，但是这个下属偏要推脱，即便答应了，也不按照章法来办事，故意把事情搞砸。

自我挫败之中其实隐藏着一种被动攻击，通过把事情搞砸来惩罚他人。

人有服从的天性，也有不服从的天性，并不是所有的不服从就一定是坏的。

经济的发展，管理的需求，从客观上使这种人格特质被反复提及。这种人格表现仍然被学者们广泛讨论着。在经过半个世纪的研究后，心理学家倾向于认为，被动攻击型人格并不是完全的人格障碍。

被动攻击型人格者常把愤怒深藏于心，不露声色。你问他是否有不满情绪，他往往矢口否认。上下级之间的长期不信任，往往会激发被动攻击型人格者的情绪。比如，服务员故意忘记上菜，可能是嫌老板开的工资太低。

别说命令，哪怕只是简单的要求，都会触发被动攻击型人格者的反抗情绪和挫败感。所以，理解被动攻击型人格者的情绪根源，有助于从根本上解决问题。

被动攻击型人格特点

- 好争辩，频繁、无理由地批评权威。
- 利用幽默、讽刺来掩盖真实的想法。
- 谁也无权指挥我。从众就意味着失去了控制权。
- 看上去为人和善，但缺乏自信，对前途感到悲观。
- 不愿意与他人合作，故意作对。
- 不喜欢直抒胸臆，通过问诱导性问题来让对方知道自己想要什么。
- 采取迂回的方式拒绝他人和工作。

∢工作拖沓，故意降低工作效率，赌气。

∢抱怨不被理解、不受信任或受到不公正的待遇。

∢不直接拒绝他人，但会故意忘记做某事，不守诺言。

∢处于一意孤行和绝对依赖的矛盾中。

第13章

人格迷宫

——概念拾遗与观点争鸣

在这个世界上，良心应该更大于天才。

——艾瑞克·弗洛姆

文化的最后成果是人格。

——卡尔·荣格

与人类丰富的内心世界相比，前述“人格心理学”只能算冰山一角。篇幅所限，本章抛砖引玉，向读者简要介绍一些其他常见的人格概念。

讨好型人格存在吗?

1948年，日本小说家太宰治自杀，轰动一时。他的小说《人间失格》被书商拿来宣传，说这是一部带有自传性质的小说。

小说中，主人公大庭叶藏的父亲是一名议员，在家庭中拥有绝对的权威。

儿时，父亲问叶藏喜欢什么礼物，叶藏说喜欢书，但父亲偏觉得“舞狮”玩具更适合他；叶藏本想进美术学校就读，父亲却要他从四年级开始报考高中，以便日后出仕为官……

在小说中，叶藏甚至去讨好家里的保姆以获取赞扬与肯定。

长大后，叶藏的这种讨好他人的性格一直没有改变。每次叶藏陷入困难之时，朋友堀木正雄都会弃他而去，但他仍然和堀木正雄交往。在与堀木正雄喝酒时，面对对方言语中的不敬，他还会在心里暗暗为堀木正雄辩解。

最羞耻的莫过于，当一名猥琐的商人在他家楼下当着他的面玷污了他的爱人良子时，叶藏的内心还在为这种“丑陋”做着辩解：“这也不失为人间景象之一，也是人类的面目之一。”

网上有一些文章认为，这就是太宰治的真实经历，并认为太宰治就具有讨好型人格。其实，讨好型人格并不是一个严谨的心理学术语。从人们对讨好型人格的解释来看，它比较接近于依赖型人格。

讨好型人格这个概念的流行，得益于它所能提供的大众谈资，以及人们拿它自嘲时所隐藏的自我恭维。小说毕竟是小说，就算是自传，也会因不同的研究视角，得出截然不同的结论。

如果我们将太宰治的一生做一个简单回顾，可以看出他显然属于边缘型人格。

1909 年，太宰治出生于日本青森县，本名叫津岛修治，父亲是一位大地主，非常有钱。太宰治从出生的时候开始，不是由亲生母亲抚养，而是由奶妈、婶婶，以及家中名叫竹子的保姆抚养长大。在太宰治的一生中，亲生母亲其实是不存在的。

太宰治从初中开始就展露了文学才华，与人合编同人杂志《星座》。

1929 年，太宰治受左翼运动影响，对自己家族的巨额财富感到罪恶，初次产生了服用安眠药自杀的意图。他服下了安眠药，却因为未到致死量而被救活。

1930 年，21 岁的太宰治进入东京帝国大学法文部就读。这一年，太宰治参加了左翼运动，并和银座咖啡馆的一位女服务员相约殉情。他们一起服用大量安眠药，然后投海自杀。最终，只有那名女服务员死了，太宰治也因此被控“自杀协助”。

1932年，因为对左翼运动感到失望，太宰治向青森警署自首，并回东京帝国大学重修，倾心于写作。

1935年，太宰治26岁。学业门门挂科，毕业希望渺茫，报考报社不及格，绝望之余，他便跑到山中上吊自杀，可是上吊的绳子断了，太宰治悻悻而归。

1937年，太宰治28岁。这年3月，太宰治得知妻子与人有染，怒不可遏，带着妻子前往群马县水上村谷川温泉，要一起自杀，最终未能成功。回东京后与妻子离婚。

1939年1月，在他人撮合下，太宰治与石原美知子举行婚礼。

太宰治通过日本传统的“私小说”形式，创作了大量关注边缘人物的小说，也可以说这些边缘人物的身上都有太宰治自己的影子，“死亡”“自杀”更是成为他的作品的重要意象。

1945年，太宰治已经成为日本“无赖派”文学的代表人物。无赖派是一个表现消极和病态的文学流派。

战争结束了，太宰治又进行了一次自杀尝试。太宰治因为自己的地主阶级出身而有深深的负罪感，再加上几次自杀都将女性卷入其中，这更加深了他生的罪恶感。

1948年，太宰治以《如是我闻》再次轰动文坛，并着手创作《人间失格》。此时，随着肺结核的恶化，他的身体极度虚弱，时常吐血。

1948年6月13日深夜，太宰治与山崎富荣一起在玉川上水投水自尽。投水之前，太宰治还特意服用了氰化钾。39岁生日当天，太宰治的遗体被发现。

太宰治因其“稳定的不稳定”，接二连三的自杀尝试，以及对酒精和安眠药的依赖等原因，而被心理学界普遍认为是边缘型人格者。

在同一个人身上，边缘型人格和所谓的讨好型人格是很难兼容的。因此，所谓的讨好型人格，是一个需要被“打入另册”的有待观察的概念。

施虐型人格

从进化心理学的视角来看，施虐型人格者具有战胜敌人的优势，因而也会提高自己的生存概率。在一些原始部落中，青年男性必须通过长时间虐待俘虏来展示自己的男性气概。但是，这种人格在21世纪的文明社会是不被认可的。

施虐型人格的典型特征就是，有一系列折磨或控制他人的行为或态度。他们具有一种渴望别人遭受痛苦的内在动机。折磨他人是为了获得快感，而非为了达到其他目的，比如获得利益。

心理学专家伊林·巴克尔斯认为："这些人不一定是连环杀手或者是性变态，但他们能通过折磨他人，甚至单纯通过看他人受折磨而获得情绪上的愉悦感。"

巴克尔斯认为，对暴力电影、暴力游戏、暴力运动喜爱的人可能存在一种亚临床形态的施虐型人格，可以称为"日常施虐癖"。

用羞辱性或令人不齿的行为逼迫别人，可能是施虐型人格形成的前兆。大约50%的施虐型人格者会伴有其他人格，如偏执型人格、自恋型人格和反社会型人格。

通常，施虐型人格者会主动避开法律红线，避免做出违法的行为，但会想尽办法通过"合法手段"来达到折磨他人的目的。作为一种人格类型，它有助于我们研究家庭暴力、校园霸凌、虐待动物等犯罪事件。

自我挫败型人格

自我挫败型人格指的是，不愿意过得愉快，也不允许别人帮助，并过分自我牺牲的人格。自我挫败型人格者在生活中完全有其他选择，但故意做出毁灭性的行为。

比如，一名女子总是选择渣男做伴侣，而且随时准备为他们牺牲一切。一名男子总是对朋友食言，即使这些承诺是很容易兑现的。一名大学生守着一份低端的工作，但以他的才华和学历完全可以胜任更高端的工作。

如果发生了好的事情，自我挫败型人格者马上就会破坏这件好事。比如，在得到人人羡慕的提拔后，他很快就会犯一个会导致自己被解雇的错误。

曾有这样一则新闻，某地一名基层公务员因违抗上级的提拔命令，受到了纪律处分。其实，不同类型人格者的身上，都或多或少地存在自我挫败的行为特质。

同样是面对升迁，不同人格者会基于不同的动机做出“自我挫败”的举动。

抑郁型人格者对自我的评价往往是消极的，所以他们会因怀疑自己的能力而制造理由拒绝升迁。

被动攻击型人格者则会为了和上司怄气，通过不配合上级的安排来攻击信任自己的上司。

依赖型人格者拒绝升迁，是因为害怕承担责任。

回避型人格者拒绝升迁，是因为害怕将自己暴露在更多人的目光之下。

边缘型人格者可能一开始特别想获得领导的提拔，但可能突然就不感兴趣了，甚至厌倦了。

定义自我挫败型人格者，我们要从他们生活的方方面面去寻找证据，如工作、社交、休闲活动等。

心理学家建议将其收录到官方的精神疾病手册中，但可能性不大。因为它常常是伴随着另一种人格存在的，如依赖型人格、回避型人格、被动攻击型人格和边缘型人格。

要知道，这种人格概念一旦被官方承认，肯定会带来不良的社会影响。比如，律师可以指责那些遭受家暴却没有离开的女性有自我挫败型人格特质。因此，自我挫败型人格只能作为一种谈资存在，不可能获得官方的认可。

攻击型人格

所谓攻击型人格，又称冲动型人格、爆发型人格。攻击型人格者常常因微小的精神刺激，突然爆发非常强烈而又难以控制的愤怒情绪，并伴有冲动行为。

1. 攻击型人格的表现

W 先生 50 岁，自称具有攻击型人格，曾在媒体上公开求助，希望有人能够帮助他解决和母亲长期不和的问题，哪怕家事被曝光也在所不惜。

攻击型人格的形成与生理因素和童年创伤体验有关。W 先生的人生经历中有一件事令他特别难忘。W 先生 13

岁的时候，做过一次阑尾炎手术，母亲因为工作太忙没有及时陪在他身边，直到他做完手术母亲才赶到。从此，W 先生便对母亲有一种复杂的情绪。

随着年龄的增长，攻击型人格者的人格会发生变化，一般有逐渐缓解的趋势，但仍然无法正确地处理与他人的关系，尤其表现为对亲友和邻居的敌对态度。

每次与母亲对话，W 先生总是无名火起。W 先生说，母亲不能招惹自己，一招惹自己，自己就会变得很暴躁。在天命之年，W 先生仍在寻求与母亲的和解之道。

有些书上会把攻击型人格者称为不稳定型人格者。不稳定型人格者有一个很明显的行为倾向，即冲动、不计后果，并且情感不稳定。

攻击型人格的常见表现：易与他人发生争吵或冲突，特别是在行为受阻或受批评时；攻击性强，易产生愤怒情绪和暴力行为；对事物的计划和预见能力很低，做事不计后果；有自伤行为，自控能力低；对自己做错的事情无愧疚感。

2. 攻击行为与进化模型

世俗意义上的成功，通常是指占有了更多资源。在所有动物中，最喜欢储存资源的大概要属人类。毕竟，储存资源对于人类的生存和繁殖非常重要。

在漫长的进化史中，生存所需的资源包括土地、水源、食物、工具和武器等。人类获取资源的途径有很多种，比如，社会交换、大规模合作、偷窃和欺骗等。

攻击也是获取他人资源的一种方式。在人类中，男性比女性更多地使用武力攻击来获取资源。男性和女性的这种差异早在 3 岁时就已经初见端倪。

人类通常会结成同盟，强行夺取他人的资源。在南美洲有一个雅诺玛摩部落，由于很少接触现代社会，因此保留了很多古老风俗。雅诺玛摩部落的男性会结成雄性同盟，向邻近的部落发起进攻，夺取他们的食物和育龄妇女。

纵观有文字记载的人类历史，我们不难发现，大部分的战斗都是为了抢夺他人的土地，获取相应的战利品。从某种程度上来说，通过攻击来获取有利于繁殖活动的资源，貌似是一个合理的进化假设。

如果攻击行为带来的平均收益超出了平均代价，那么自然选择肯定已经在人类身上塑造了某些攻击性的行为特质。

攻击型人格者中男性多于女性。20 世纪 80 年代的一份调查报告显示，在芝加哥 1965年—1980 年的所有凶杀案件中，86% 的凶手都是男性。而且，在以男性为凶手的案件中，约 80% 的受害者也是男性。

而且有人调查发现，在全世界不同文化背景的国家中，都存在类似的现象——犯罪案件中，绝大多数凶手都是男性，而且他们的伤害对象大部分也是男性。

所以，要想对攻击型人格做出合理的理论解释，我们必须要解释这两个事实：为什么男性攻击型人格者远远多于女性？为什么大多数的受害者也是男性？

D. M. 巴斯在《进化心理学》中用“同性竞争的进化模型”为我们解释了这一切。在人类进化史上，雄性动物的繁殖成功率并不在于它的生存能力，而在于它获得接近雌性的机会的能力。

在人类历史上，长期存在一夫多妻制度。假如男女两性的比例相等，如果一个男人拥有两个妻子，那么就会有另一个男人不得不面对单身生活。这就意味着有些雄性获得了超出平均份额的繁殖资源，而另一些雄性则完全被关在了繁殖活动的大门之外。

这使得雄性之间的竞争非常残酷，比如，与竞争者进行暴力搏斗，冒险去获取那些吸引异性的资源。

在类似一夫多妻制的竞争场景中，使用攻击行为可以在以下两个方面发挥作用：一方面，赢得领导地位，从而获得接近大量配偶的机会；另一方面，避免被关在繁殖活动的大门之外。

在这些斗争中，胜利者得到了配偶，而失败者不仅得不到配偶，还可能会受伤，甚至死亡。

暴力存在于各个阶层，但统计数据表明，贫穷的未婚男子比富裕的已婚男子更有可能成为凶手。

但所谓的攻击型人格，往往与边缘型人格有重叠，所以，这注定将是一个日益淡出历史舞台的概念。

多重人格

所谓多重人格，指一个人具有两种以上、相对独特的并相互分开的亚人格，这是一种分离性身份识别障碍。

在欧美国家，多重人格的说法流传很广。早在1846年，陀思妥耶夫斯基就发表了一部名为《双重人格》的小说。小说中主人公戈利亚德金是一名默默无闻的小职员，却幻想出了另一个与自己长相一模一样的人——小戈利亚德金。在他的幻想中，这个人冒充自己的身份，到处招摇撞骗，还处处羞辱他，与他作对。这种病态心理搅乱了他的生活，使他精神分裂。

其实，人群中出现多重人格者的概率是很小的，很多时候是因为影视作品的推波助澜，才使得它变成了一个热点话题。

在文艺作品中，多重人格者的身体里好像住着几个灵魂。多重人格者的各种亚人格都是各自独立、彼此分开的，一种人格出现，其他人格就自动退场。不同的人格特点，轮番主导一个人的行为。

多重人格并不是通常意义上的人格障碍，而被认为是一种特异的情感。多重人格形成的诱因很可能是童年时受到了心理创伤，而且当事人在事件发生后未能获得情感疏导与开解。

Z 先生是一位中年白领，其身上至少具有三重人格：一个是忧郁黏人的人格，当 Z 先生遇到较小的冲突事件时，这种人格就会出现；一个是好勇斗狠的人格，当 Z 先生遇到较大的冲突事件时，这种人格就会出现；一个是普通的办公室职员人格，当他身处办公室的时候，这种人格就会起作用。

心理医生通过催眠术唤醒了 Z 先生的忧郁黏人的人格特质后，Z 先生开始像一个受伤的小男孩一样，流泪不止。

催眠状态下的 Z 先生讲出了一个故事，这个故事有些像《以父之名》MV 中的剧情。5 岁小男孩的父亲是一名帮派分子，为了躲避敌对帮派藏了起来。敌对帮派成员抓住了这个小男孩，要他说出父亲在哪里，男孩不肯说，于是一个帮派成员拿出刀放在男孩的手腕上，威胁要砍了他一只手。惊恐的男孩吐露了实情，于是，敌对帮派找到了他的父亲并将其杀害了。这之后，男孩哀痛、愧疚，但无人可倾诉。

这个5岁的小男孩就是童年时的Z先生。于是，Z先生人格中的一部分就定格在了这个时刻。就算是一个很小的矛盾，也会唤醒他5岁时的那种情绪。每当他感到焦虑时，5岁时的人格就会再次出现，好勇斗狠的人格特质很可能是在那个时候形成的。

多重人格是人的一种心理应对机制，分裂出来的人格都是为了保护自己而出现的。其形成原因可能是童年时遭受了重大变故、灾难、性侵、乱伦等。

有一位名叫卡梅伦·韦斯特的心理学家，写了一本自传性质的畅销书，名叫《24重人格》。韦斯特在书中写到，自己时而是成年男子，时而是幼童，有时还会是青春美少女。这些人分享着同一具身体，但“他们”说话的声音、动作、神态都截然不同，而他自己无法控制“他们”之间的互相转换。

还有一种与多重人格特质相似的心理状态叫分离性神游。这种状态比较常见，比方说，一个人漫无目的地沿着高速公路开车，当他清醒过来时，发现已经开出省界了，这是一种常见的分离性神游。如果经常出现这种状况，那就是分离性神游症。

分离性神游症患者常常放飞自我，独自上路，漫无目的地游荡，做一些日常没做过的事情。漫游期间，他们可能会逐渐形成新的自我认知，像变了一个人似的。专家猜测，分离性神游症可能是心理压力过大的结果，也可能是大脑异常放电造成的。

第14章

隐蔽秩序

——人格差异、引力与冲突

龙生九子，子子不同。

——民谚

一样米养百样人。

——民谚

俗语说："一样米养百样人。"即使是一奶同胞的兄弟姐妹，也会发展出截然不同的人格。就算是同一种教养方式，培养出来的人的人格也会有所不同。

绝大多数心理学家都认同，人格的形成，不仅受遗传因素的制约，也受社会环境的影响。

人格差异形成的猜想

巴拿马运河上有一个 15 平方公里的小岛，在这狭小的土地上竟生存着多达 74 种蝙蝠。为什么如此多种类的蝙蝠能共生共荣呢？

因为每种蝙蝠占据不同的生态位，对食物资源有着不同的需求，有的专吃鱼，有的专吃昆虫，有的以蜜为食，有的则专门寻找胡椒的种子作为食物。食物需求的不同，既降低了蝙蝠彼此之间的竞争强度，又最大限度地利用了自然资源，这是造就生物多样性的主要原因。

就好比，同样都是肉食动物，老虎吃肉，狐狸捡漏，秃鹫就喜欢吃那些腐肉。在一个生态系统中，正是由于每个个体的生态位不同，大家才能共生。

人类社会也同样存在一种类似生态位的隐蔽秩序。不同人格的分化与发展，可能也受到一种类似于生态位的因素的制约。有的人向内求，有的人向外求，于是就演化出了各种各样的人格，表现为各种各样的活法，并以不同的策略存活在共同的生存空间中。

我们的祖先从原始社会走来，尽管天高地阔，但实际生存空间并不大。罗素说："须知参差多态，乃是幸福的本源。"从进化的角度看，只有那些能够相融共生的同类，才能互相凑合着存活下来。

著名心理学家、宾夕法尼亚大学精神病学名誉教授亚伦·贝克，从进化心理学的视角制作了一个"人格障碍进化模型”，很有参考价值。

亚伦·贝克的“人格障碍进化模型”

人格障碍	资源属性	驱力	功能策略
自恋型	群体	竞争；拓展	彰显自身特殊性
依赖型	他人	依恋；拓展	寻求被关爱，取悦他人
表演型	他人；群体	性吸引；拓展	赢得注意；娱乐大众
回避型	他人	自我保护	避免被贬低
反社会型	自身技能	竞争；拓展	欺骗；作弊；掠夺
强迫型	自身技能	控制；拓展	设定标准、体系
偏执型	自己	防御；自我保护	过度警觉；反击
分裂样型	自己	自我保护	与世隔绝；超脱疏离
被动攻击型	自己	控制；保护	拒绝外在的控制；争吵
抑郁型	自己	批评；保护	抱怨；放弃；退缩；苦闷和自责

有学者研究认为，人格差异性并不是进化的“噪音”，它们的产生有其进化的背景与合理性。比如，表演型人格的戏剧化行为，源于非人类动物的展示仪式；反社会型人格的形成源于掠食行为；依赖型人格的形成源于动物中亦可见的追随、依恋行为……

正是人格的差异性，才使得我们的可选择项变得更多了。这实际上也扩大了我们生存的空间。

即使在一个家庭中，也存在着类似生态位的隐蔽秩序。

中国人常说："龙生九子，子子不同。"在人类的进化历史中，长子和幼子之间往往要面临截然不同的生态位选择。比如，在一个家庭里，老大通常都显得老成持重，而老幺表现得叛逆顽劣。

科学家很早就发现，男同性恋者一般都有哥哥，而且哥哥越多，其成为同性恋的可能性越大。有学者认为，弟弟的同性恋倾向可使其避免与哥哥竞争资源，从而增加其父母的基因延续下去的可能性。

人格的发展，也与出生顺序有一定关系。心理学家弗兰克·萨洛韦在《天生反叛》一书中指出，长子选择的生态位通常都表现为强烈地认同父母和其他现存的权威人士。与此相反的是，幼子不大认同权威，而且倾向于推翻现有的秩序。

根据萨洛韦的观点，出生顺序是影响人格发展的一个因素。

幼子通常会发展出一种不同的人格特征，表现得更加叛逆、不靠谱，对新奇体验持有更为开放的态度。萨洛韦还举例说明了出生顺序的差异性在科学家中也表现得非常明显，幼子通常是科学革命的强烈倡导者，而长子却常常竭力反对这些革命。

一项针对企业 CEO 的调查发现，董事会上坐头把交椅的 43% 是长子 / 女，33% 是次子 / 女，23% 是幼子 / 女。根据斯坦福大学心理学者罗伯特 · 扎荣克的研究，从事医生职业和拥有 MBA 学位的人群中，长子 / 女的比重也明显更多。

一份来自北欧的研究报告显示，同一个家庭中，头生子女比下一个子女平均智商要高 3%。研究人员猜测，这可能是他们在生活中要带领和看护弟弟妹妹造成的。萨洛韦说："可别小看这三个百分点，这决定了很多家庭中的第一个孩子能进哈佛，第二个则不能。"

人格差异的生存和适应意义

"万物皆有裂痕，那是光照进来的地方。"从进化的观点来看，人格特质中相对稳定存在的个体差异，是有其生存和适应意义的。

第 14 章　隐蔽秩序
——人格差异、引力与冲突

在蛮荒时代，有些人靠自我推销获得资源，有些人靠自身技能存活，有些人靠提心吊胆幸存，大部分人靠抱团取暖幸存……这些取得生存与繁衍优势的人的基因得以延续。

英国萨里大学贝琳达·博德教授主导了一项研究，调查有自恋型人格、表演型人格和强迫型人格的人在企业高层的管理人员中出现的概率。

通过这项研究，博德教授得出结论，有这 3 种人格特质的企业高管比在精神病院里精神失常的刑事罪犯还要多。因此，我们猜想，人们脑海中具有负面影响的人格特质，很可能会在某些方面给人带来正面的促进作用。

比如，表演型人格者具有吸引他人注意力的能力，因此能收获更多的关注，更容易在工作中取得成功。再比如，自恋型人格者可能总是比较自信，相信自己什么事情都可以做好，能够充分利用周围的人和环境来获得最大收益。

从人类进化史来看，不同的人格，不过是自然演化出来的不同适应策略而已。人无完人，世界上不存在天然的完美的人格，只存在“完美型人格”。

从进化心理学的视角来看，可以这样描述人格的形成：它们都是我们祖先为适应环境而形成的，具有物种独特性的心理机制。但进化心理学并不能完全解释这些人格的形成。

不同人格间的吸引与冲突

有一些特定的人格之间，有着特别的吸引力。还有一些特定的人格之间，存在着强烈的冲突。这有些类似俗话说的“相生相克”。

在崇尚个性自由的美国，经常会有这样的报道：某个犯下一级谋杀重罪的案犯，收到了大量的妇女的求爱信。甚至有手段残忍的变态杀人狂，会收到女性同情者铺天盖地的来信，希望做他的情妇。

心理学家很早就关注到这一现象，并认为男性反社会型人格者和女性表演型人格者之间有一种特别的关联。

此外，我们对“悍妻怂夫”的事件时有耳闻，这纯属偶然吗？有些心理学家认为，受虐与施虐是边缘型人格关系中的主要特色，这种男女的组合并非全系偶然。

在电视剧《都挺好》中，苏大强的结发妻子赵美兰很喜欢控制他人，她控制自己的丈夫，也控制子女，对秩序有着特别的迷恋，是一个强迫型人格者。

赵美兰对苏大强的缺点非常了解，但仍无法容忍丈夫，处处管着他，看他一有想“作”的苗头，立刻采取高压政策镇压回去。

这部剧的精彩之处在于，赵美兰死后，家里出现了“权力的真空”的状态。这下好了，苏大强就好比孙悟空失去了紧箍咒，又变回一个“老小孩”，没有人能控制住他了。苏大强开始彻底放飞自我，作天作地了。

边缘型人格的女子容易被自恋型人格的男子吸引。苏明玉这种从母亲强势、父亲弱势的家庭中出来的女孩，更容易成长为边缘型人格者。而且，边缘型人格的苏明玉，最容易被剧中柳青这类自恋型人格的男子吸引。

有些边缘型人格的女子早婚，是因为内心想摆脱不完整的原生家庭。她想依恋一个性格强势的能当家的丈夫。这个丈夫如果是自恋型人格者，他就需要有人崇拜，这样夫妻双方比较容易形成一种共生关系。

人格修炼需要长期坚持

俗话说："江山易改，本性难移。"这其实是一种误解。

格拉西安说："二十岁的人是孔雀，三十岁是狮子，四十岁是骆驼，五十岁是蛇，六十岁是狗，七十岁是猿，八十岁什么也不是。"

如果说"适应"是人格形成的内在驱动力，那么，从理论上讲，人格也是可以调整的。所以，我们可以运用智慧和意志，修炼出与时代、社会相适应的"完善人格"。

哈佛大学心理学家询问了170个人这样的问题：你现在愿意花多少钱去看最喜欢的乐队在10年之后的演出？你又愿意花多少钱去看一场10年前最喜欢的乐队在本周的演出？

回答者从18岁到64岁都有。结果是，对于现在最喜欢的乐队，人们愿意花130美元去看一场他们在10年之后的演出；而对于之前喜欢的乐队，人们现在只愿意花 80 美元看他们的演出。

人是一种很神奇的物种，这种神奇就体现在强大的适应性上。

很多时候，我们对于变化是可以觉察到的，比如，人经历了重大事件、变故后，那种改变简直如脱胎换骨。所以，才会有“人是在一夜之间长大的”这种说法。正如村上春树说：“我一直以为人是慢慢变老的，其实不是，人是一瞬间变老的。”

人的个性、偏好、价值观等，随着岁月的流逝，也都或多或少在发生改变，有些改变明显，有些改变不明显。如果以每 10 年为一个跨度来观察我们自己，我们的变化其实是相当明显的。

心理学家曾在网络上招募志愿者，让他们分别就 10 年前和 10 年后的情况填写有关各自个性、偏好和价值观的调查问卷表。

结果显示，当志愿者回顾 10 年前的自己时，他们会感慨自己的个性、偏好、价值观都改变了很多；当志愿者展望 10 年后的自己时，他们总会觉得自己的个性、偏好、价值观应该不会改变。

正如企业家常说的，变，是唯一的不变。人格是一种相对稳定的事物，却并非不能改变。

人是有适应性的，不管现阶段的我们是否具有书中所探讨的人格特质和表现，我们都应该正视自己，了解自己，并与自己“和解”，进而修炼出契合时代要求的“完善人格”。我们完善了自己的人格，却又浑然未觉，也许，这才是最好的改变。

参考文献

1. [瑞士] 卡尔·古斯塔夫·荣格. 荣格传：回忆·梦境·思考. 廖世德，译. 石家庄：河北人民出版社，2014.

2. [美] 阿克塞尔·马德森. 香奈儿：举世无双的传奇女性. 沈占春，龙耀林，译. 上海：上海译文出版社，2014.

3. [美] 沃尔特·艾萨克森. 史蒂夫·乔布斯传. 管延圻，魏群，余倩，等译. 北京：中信出版社，2011.

4. [美] 罗伯特·琳赛. 马龙·白兰度传. 梁卿，译. 北京：中信出版社，2006.

5. 金庸. 天龙八部. 北京：生活·读书·新知三联书店，1994.

6. [法] 弗朗索瓦·勒洛尔，克里斯托夫·安德烈. 无处不在的人格. 欧瑜，译. 北京：生活·读书·新知三联书店，2015.

7. [德] 博尔温·班德洛. 隐疾：名人与人格障碍. 麦湛雄，译. 北京：生活·读书·新知三联书店，2008.

8. [日] 冈田尊司. 不正常人类研究所. 曹逸冰，译. 天津：天津社会科学院出版社，2015.

9. [美] 阿伦·贝克，布拉德·奥尔福德 . 抑郁症（原书第 2 版）. 杨芳，等译 . 北京：机械工业出版社，2014.

10. [美] 亚伦·T. 贝克，丹尼丝·D. 戴维斯，阿瑟·弗里曼 . 人格障碍的认知行为疗法（第 3 版）. 王建平，辛挺翔，朱雅雯，译 . 北京：人民邮电出版社，2018.

11. [美] 海因茨·科胡特 . 自体的分析 . 刘慧卿，林明雄，译 . 北京：世界图书出版公司，2015.

12. [美] 南希·麦克威廉斯 . 精神分析诊断：理解人格结构 . 鲁小华，郑诚，译 . 北京：中国轻工业出版社，2015.

13. [美] 艾瑞克·弗洛姆 . 逃避自由 . 刘林海，译 . 上海：上海译文出版社，2015.

14. [美] 詹姆斯·法隆 . 天生变态狂：TED 心理学家的脑犯罪之旅 . 瞿名晏，译 . 北京：群言出版社，2015.

15. [美] 玛莎·斯托特 . 当良知沉睡：辨认身边的反社会人格者 . 吴大海，马绍博，译 . 北京：机械工业出版社，2016.

16. [美] 保罗·巴比亚克，罗伯特·黑尔 . 穿西装的蛇 . 孟慧，骆瑒，译 . 北京：机械工业出版社，2015.

17. [美] 戴维·巴斯 . 进化心理学：心理的新科学 . 张勇，蒋柯，译 . 北京：商务印书馆，2015.